# 实用 时装画技法(第3版)

郝永强◎著

中国纺织出版社有限公司

# 内 容 提 要

本书以服装企业的实际需求为导向，以实用性服装效果图的严谨性和规范性为要求，是一本教授服装画表现技法的实用教程。全书内容分为六部分：人体头部表现技法，人体的比例及动态表现技法，人体着装线描图表现技法，彩色服装效果图表现技法，服装款式图及服装饰品的配饰表现，时装插图实例赏析。本书内容由浅及深，从局部到整体，图文并茂，步骤翔实，易学易懂，操作性强，突出了时装画技法的系统性和专业性，有助于读者循序渐进地学习。

本书适合作为高等院校服装设计专业教材，也可以作为成人教育服装专业的参考书，同时还可作为服装爱好者的自学用书。

## 图书在版编目（CIP）数据

实用时装画技法 / 郝永强著. -- 3版. --北京：中国纺织出版社有限公司，2021.1（2024.5重印）

ISBN 978-7-5180-8076-2

Ⅰ.①实… Ⅱ.①郝… Ⅲ.①时装—绘画技法 Ⅳ.①TS941.28

中国版本图书馆CIP数据核字（2020）第208353号

策划编辑：宗 静 责任编辑：宗 静
责任校对：王蕙莹 责任印制：何 建

中国纺织出版社有限公司出版发行
地址：北京市朝阳区百子湾东里A407号楼 邮政编码：100124
销售电话：010—67004422 传真：010—87155801
http://www.c-textilep.com
中国纺织出版社天猫旗舰店
官方微博http://weibo.com/2119887771
北京华联印刷有限公司印刷 各地新华书店经销
2011年4月第1版 2015年4月第2版
2021年1月第3版 2024年5月第2次印刷
开本：889×1194 1/16 印张：15.25
字数：217千字 定价：68.00元

# 第3版前言

　　光阴似箭，日月如梭。转眼自2011年于中国纺织出版社首次出版《实用时装画技法》以来已近十年了，因绘制方法更简便、步骤详实的特点深受广大读者喜欢，好评满满，并荣获了中国纺织工业联合会颁发的"优秀图书奖"。后于2015年对其进行修订出版了《实用时装画技法》第2版，畅销如初、好评依旧，这都为我继续修订第3版注入了无比的激情和信心，在第2版的基础上留精去粕，争取体现每一张作品的工业实用性以及其所具类别的代表性和规律性，以高质量、高标准的新内容再次展示给每一位时装从业者、学习时装设计专业的学生以及时装绘画的爱好者，希望你们能学有所获，如愿以偿。

　　工欲善其事，必先利其器。为了大家能更好、更快地掌握时装设计表现技能，本人于2016年初出版了另外两本专著，一本是专门用来练习服装效果图上色的专业书籍《谁说极简就是黑白灰——时装效果图着色练习手册》；另一本是专门用来临摹学习的高清大开本专业书籍《手绘时装效果图技法摹本》，希望能在大家学习的道路上形成助力！同时也希望得到大家一如既往的支持！

　　再次对一直关心、支持、关注本人出书工作的家人、领导、编辑、同行及读者表示感谢！

　　鉴于本人才疏学浅，作品和方法还不尽完美，纰漏之处依然在所难免，希望能得到大家的批评和指正，本人将不胜感激！

　　谢谢大家阅读本书！

2020年1月写于深圳

# 第2版前言

服装效果图、款式图的绘制是服装企业在产品开发中的首要任务，是每位服装设计师必备的基本专业技能，也是设计、制板、生产各环节之间沟通的重要工具，因此服装画的绘制必须严谨、规范、具体、全面，充分表现其实用的特征。本书正是从服装企业的实际需求出发，根据每个章节的内容进行具体、翔实的讲解和步骤演示，并附了大量的实例作品给予引导。书中内容既可以独立学习，也可以综合融会贯通，可以作为服装设计师和服装爱好者的工具书，以供随时翻阅。

本书的独到之处在于：首先，在人体讲解部分加入了人体表象特征与内部结构的内在联系，可以使读者通过对本书的学习，清楚地认识、理解人体皮肤下的骨骼和肌肉是如何决定了人体的外形特征及姿态变化；其次，书中不仅详细讲解了女体、女装的绘画技巧，而且还增加了男体、男装和不同年龄段的童体、童装以及款式图的准确表达技巧；再次，本书的编写顺序是从局部入手整体把握，力求做到浅显易懂，重点突出，使读者在较短的时间内能较为详尽的掌握重点、难点，早日具备娴熟的专业基本技能。

书中的作品除特殊注明外都是本人在长期的实践、工作和教学中的经验总结，希望每位读者通过对本书的学习能灵活应用、举一反三。

自第1版《实用时装画技法》2011年4月有幸出版以来，市场反应较好，销量颇佳，于2012年1月荣获由中国纺织工业联合会颁发的"2011年度优秀图书奖"。时至2014年6月已进行了第6次印刷，数量达3万余册。在此对广大读者对我的认可和支持表示感谢，是你们给了我进一步提高自己技能和完善此书的信心和动力。

书就像自己的孩子，须用高度的爱和责任去对待它，把它编好做精，是每一位作者的心愿。我也不例外，采纳广大读者和行业前辈对书中内容所提出的良好建议，以及自己对书中不尽如人意的地方重新修整，加以补充和完善，比如增加文字对绘制画作的步骤进行完整表述，使绘制方法更简便、步骤更翔实，并增加了更具有代表性的作品，从而进一步提高本书的实用性，使读者能理解得更为透彻，绘制服装画更容易上手，表现得更精准、到位，能够符合服装企业的实际要求。

人无完人，书无完书，尽管我努力使之趋于完美，但水平有限，书中纰漏之处在所难免，希望大家能继续关注、指正，本人将不胜感激！

谢谢大家阅读本书！

郝永强

2015年1月于鹏城

# 第1版前言

时装效果图、服装款式图的绘制是服装企业在产品开发中的首要任务，是每位服装设计师必备的基本专业技能，也是设计、制板、生产各环节之间沟通的重要语言，因此企业用服装款式图的绘制必须严谨、规范、具体、全面，充分表现其实用特征。本书正是从服装企业的需求出发，分章节对需要注意的内容进行具体、翔实的讲解和步骤演示，并附上大量的实例作品给读者以引导。书中各章节内容既可以独立学习，又可以前后呼应、融会贯通。既可以作为服装设计师和服装爱好者的工具书，又可供随时翻阅欣赏。

本书的独到之处在于：首先，在人体讲解部分加入了人体表象特征与内部结构的内在联系，可以让读者通过对本书的学习清楚地认识、理解到人体皮肤下的骨骼和肌肉是如何决定人体的外形特征及姿态变化的；其次，书中不仅详细讲解了女体、女装的绘画技巧，还增加了男体、男装和不同年龄段的童体、童装以及其对应款式图的准确表达技巧；本书的编写顺序是从局部入手整体把握，力求做到浅显易懂，重点突出，使读者在较短的时间内能较为详尽地掌握重点、难点，早日具备娴熟的专业基本技能。

书中的作品除特殊注明外都是编者在长期实践工作和教学工作中的经验总结，希望起到抛砖引玉的作用，使各位读者通过对本书的学习，能灵活应运书中的知识，达到举一反三的效果。

限于编者自身水平有限，加之时间仓促，疏漏之处在所难免，希望大家能给予宝贵意见或建议，便于本书日后的修订，使之趋于完美，编者将不胜感激。

郝永强
2010年12月于鹏城

# CONTENTS
## 目录

# CONTENTS
## 目录

# 第一部分　人体头部表现技法

## 第一章　女性头部表现技法

**课题名称：** 女体头部表现技法
**课题内容：** 女性正面头部、3/4侧头部、正侧面头部的画法
**课题时间：** 3课时
**训练目的：** 让学生掌握女体头部的表现技法
**教学方式：** 教师给学生示范，使学生理解、掌握女性头部表现方式。
**教学要求：** 1.让学生懂得服装画中的女性头部和真实女性头部的差异。
　　　　　　2.让学生掌握服装画中的女性头部的头形及五官的位置和画法。
　　　　　　3.让学生掌握服装画中的女性头部发型及饰品的画法。
**课程工具：** A4纸、自动铅笔、橡皮、黑色0.5针管笔或小楷秀丽笔。

## 第一节　女性正面头部的画法

### 一、女性正面头形及其三庭五眼的定法

　　美的东西都会给人舒爽的感觉，一张漂亮的脸蛋也总能使人赏心悦目、身心愉悦，如古希腊的雕塑维纳斯、雅典娜；文艺复兴时期的达·芬奇惊世之作的蒙娜丽莎；我国古代被称为有羞花闭月、沉鱼落雁之貌的美人西施、貂蝉等都美得让人赞叹不已。在高度文明的现代，国内外各种选美比赛更是不绝于耳。我们的时装绘画也一样，美的脸庞也会把服装衬托得更美，如当今国际著名时装画大师和一些知名设计师手稿的头部都表现得非常自然、唯美，形神兼备、栩栩如生，如安东尼奥、矢岛功、大卫·当顿等。因此，我们在画时装画时，要若想表现女性的头部就应力求把女性脸部俊俏、柔美的特点画出来。

　　女性头形及三庭五眼的绘画步骤如图1-1所示。

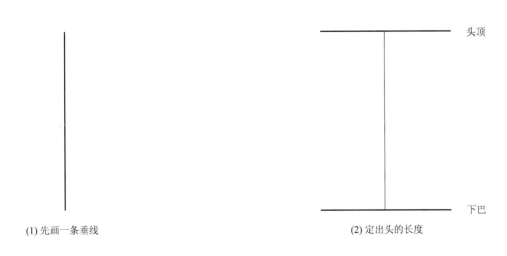

(1) 先画一条垂线　　　　　　　　　　　　　　(2) 定出头的长度

图1-1

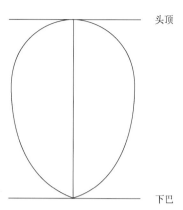

(3) 根据头的长度画出头的形状
（头形为蛋形，长宽比约4∶3，
注意左右对称）

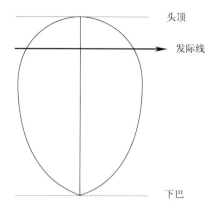

(4) 在头的上方定出发际线
（发际距离头顶的距离约
为头宽的1/4）

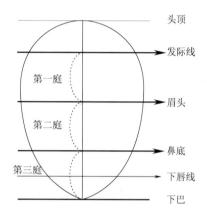

(5) 从发际和下巴处三等分，定出三庭
（注意下唇线的位置在第三庭上的1/2处）

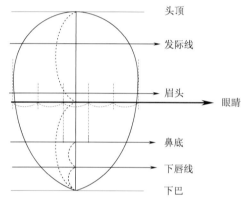

(6) 在头长的1/2处定出眼睛的位置，
并在此位置把头宽五等分（即为五眼），
定出眼睛和鼻子的宽度（眼睛的外眼
角向外加宽点，大眼会使女膜特的脸
部更漂亮些）

图1-1

## 二、女性正面头部五官的表现

### 1. 眉毛的画法
绘画步骤如图1-2所示。

注意：
　　女性的眉毛特征为细长而弯，并有一定的倾斜度，不要画得粗、短、平，眉头粗而眉梢细，富有渐变，这样会使女性的头部看起来更加妩媚动人。

(1) 先画一条斜线
为眉毛的正面部分

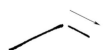

(2) 在眉峰处向下再画
一条斜线为眉梢

(3) 画出眉头到眉梢的
粗细变化

(4) 左侧眉毛的画法和
右侧相同

图1-2

## 2. 眼睛的画法

眼睛的绘画步骤及完成图如图1-3所示。

(1) 先画一条弧线
为上眼皮的形状

(2) 加出上眼皮的厚度
（外眼角更宽些）

(3) 画出下眼皮的弧度
（注意下眼皮的曲线
变化）

(4) 画出眼睛所露出
的圆形黑眼珠部分
（瞳孔在圆心处）

(5) 画出双眼皮
（注意其位置）

(6) 在上、下眼皮处加出
眼睫毛（注意睫毛的长
短、浓密及其走向变化）

(7) 眉毛和眼睛的组合效果

(8) 再进行左眼练习，注意要和右眼对称

图1-3

**注意：**

　　眼睛被称为心灵的窗户，因此我们在画头部时，眼睛是五官中的描绘重点，通常可把眼睛略画大点，会使模特的脸部形象更漂亮。

### 3.鼻子的画法

鼻子的绘画步骤如图1-4所示。

(1) 画出鼻孔的形状　　　　　(2) 画出鼻翼的弧线　　　　　(3) 画出鼻梁的结构
（注意左右对称）　　　　　　（注意左右对称）

图1-4

注意：

　　鼻子在模特头部的表现中不是重点，我们采用概括的表现手法，有所交代即可。

### 4.嘴的画法

嘴的绘画步骤及完成图如图1-5所示。

(1) 画出唇裂线的形状　　　　(2) 画出上唇的弧线　　　　　(3) 定出下唇的厚度
（注意左右对称）　　　　（注意上唇厚度约为嘴宽的1/4）　（可比上嘴唇稍厚点）

(4) 画出下嘴唇的弧线

图1-5

注意：

　　在画嘴时，也可让嘴略微张开，这样会让人感觉女模特的心情更好。

5.耳朵的画法

耳朵的绘画步骤如图1-6所示。

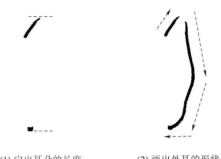

(1) 定出耳朵的长度　　(2) 画出外耳的形状　　(3) 概括地画出内耳的上部结构　　(4) 概括地画出内耳的下部结构

图1-6

★ 注意发际线的曲线变化

把五官画入头形中（图1-7）

★ 注意颈部的形状为锥型
（其上端的宽度约为头宽的1/2）

图1-7

第一章　女性头部表现技法

### 三、女性正面头部发型的表现

我们日常生活中的发型千百万化，多种多样，初学者在画头发时往往觉得无从下手，画出来的效果也不尽理想，其实任何事物都有自身的一些规律，在发型的绘画上也有一定的规律和技巧，掌握之后就可得心应手。

女性正面头部的绘画步骤，如图1-8所示。

(1) 按发型的结构画出头发的轮廓

(2) 在发型转折处画出头发的细节和层次

> **注意：**
> 服装效果图中发型的表现不要过于复杂，否则有喧宾夺主的感觉，因此发型的表现要简练、概括，能够绘制出大的结构即可。

图1-8

女性正面头部发型的实例如图1-9～图1-14所示。

图1-9

图1-10

图1-11

图1-12

图1-13

图1-14

## 四、女性正面头部帽子及其他服饰品的表现

女性正面头部帽子及其他服饰品的实例如图1-15～图1-18所示。

图1-15              图1-16

注意：

在画帽子时，首先要表现出你所要描绘的帽子的款式特征，如帽子的比例、造型、装饰物、图案等；其次要考虑到帽子戴在头上后其与头部的比例关系；最后要考虑帽子戴在头部的位置（通常在眉毛稍上）。

图1-17

图1-18

# 第二节  女性3/4侧面头部的画法

## 一、女性3/4侧面头部的透视及三庭的定法

绘制时装效果图时，侧面的头部更能表现女性的妩媚特征，会使效果图更加生动、逼真，但是侧面比较难掌握，线条太圆则太稚气，线条太直则像男性，因此一定要把女性侧面线条的微妙变化画出来（当然在熟练掌握正面头部的基础上，画好侧面的头部也不会是难事）。

女性3/4侧面头形的画法如图1-19所示。

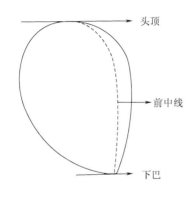

(1) 先画出侧面头形大轮廓，
并画出前中线（注意头部的
水平透视）

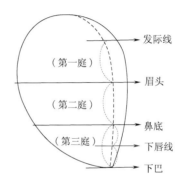

(2) 定出发际线，并定出
五官的位置

图1-19

## 二、女性3/4侧头部五官的表现

女性3/4侧头部五官的表现如图1-20所示。

(1) 注意眉毛的透视
（侧过去的眉毛要短些）

(2) 注意眼睛的透视
（侧过去的眼睛要小些）

图1-20

(3) 注意鼻子的透视变化
（侧过去的一侧鼻翼要小些）

(4) 注意嘴的透视变化
（侧过去的半侧嘴唇要小些）

（5）注意耳朵比正面的要宽些

图1-20

**注意：**

在表现侧面的头部时，侧的角度可大可小，但要注意五官透视角度与头部透视角度相一致，还有就是记住近大远小、近长远短、近宽远窄的透视规律。

### 三、女性3/4侧头部的表现

女性3/4侧头部的表现如图1-21所示。

把五官按各自位置画入头形中

图1-21

## 四、女性3/4侧头部发型的表现范例

女性3/4侧头部发型的表现范例如图1-22~图1-27所示。

图1-22                                                                                                          图1-23

图1-24

图1-25

图1-26

图1-27

注意：

　　明暗法类的头部表现方法为先拟定一个光源，采用明暗素描的表现手法（最好是采用侧上方受光），绘制时注意受光部的线条少，背光部的线条稍多即可。

## 五、女性3/4侧头部饰品的表现范例

女性3/4侧头部饰品的表现范例如图1-28~图1-37所示。

图1-28

图1-29

图1-30

图1-32

图1-31

图1-33

图1-34

图1-35

图1-36

图1-37

# 第三节　女性正侧面头部的画法

## 一、女性正侧面头部外形的变化及三庭的定法

在绘制时装效果图时，正侧面的头部用得相对比较少，因为正侧面的外形变化比较微妙，绘制的难度较大。但是如果能绘制出比较漂亮的正侧面部，则更能体现出时装绘画的扎实功底，这里只做简单讲解，如有兴趣可以尝试着练习（当然3/4侧头部能画好的话，画好正侧的头部也不是遥不可及的）。

女性正侧面头形及三庭画法如图1-38所示。

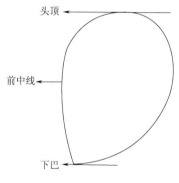

(1) 先画出侧面头形大轮廓
（前中线和正侧的头形轮廓
相重合）

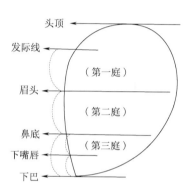

(2) 定出发际线，并定出五官的位置
（头部只是水平侧转，发际线的宽度
与正面头部的宽度相同）

图1-38

## 二、女性正侧头部五官的表现

女性正侧头部五官的表现如图1-39所示。

(1) 注意眉毛的正面会
因透视而短些

(2) 注意眼睛形状的变化

(3) 注意鼻子线条的走向

(4) 注意嘴唇形状的变化

(5) 注意耳朵要比 3/4 侧头更宽些

图1-39

注意：

　　在画正侧面的五官时，注意绘制出五官用笔的走向，在肌肉和骨头凸出位置用线不能太平也不能太弯，线条太平了会让人感觉没有结构，太弯则缺少了女性的清秀感。

### 三、女性正侧头部的表现

　　女性正侧头部的表现如图1-40所示。

把五官画入头形中

图1-40

## 四、女性正侧面头部发型及饰品的表现范例

女性正侧面头部发型及饰品的表现范例如图1-41~图1-46所示。

图1-41

图1-42

图1-43

图1-44

图1-45

图1-46

# 第二章　男性头部表现技法

课题名称：男性头部表现技法
课题内容：男性正面头部的画法、男性3/4侧面头部的画法、男性正侧面的头部
　　　　　的画法
课题时间：2课时
训练目的：让学生掌握服装用男性头部的表现
教学方式：教师讲解、分析服装画中男性头部与真实男性头部的异同以及与服装
　　　　　画中女性头部的差异，使学生能进一步理解、掌握服装画男性头部的
　　　　　表现方式。
教学要求：1. 让学生懂得服装画中男性头部的特征。
　　　　　2. 让学生掌握服装画中男性正、侧面头部的表现。
课程工具：A4纸、自动铅笔、橡皮、黑色0.5针管笔或小楷秀丽笔。

# 第一节　男性正面头部的画法

## 一、男性正面头部的画法

在绘制时装效果图时，除了女装外还有男装，因此我们不仅要掌握女性头部的画法还要学会男性头部的表现。男性的头部应给人俊朗、有型的感觉，和女性的头部廓型相比其结构明显，棱角分明，如图2-1所示。

画好男性头部的要诀如下：

（1）脸庞结构明显，突出的结构有眉弓、颧骨、口轮匝肌、下颏。

（2）眉毛浓密、粗黑且倾斜度较小。

（3）眼睛较小且线条带点棱角。

（4）鼻子较大，鼻孔较粗。

（5）嘴较宽厚，唇线不要画得太完整。

（6）耳朵的轮廓线条分明。

（7）脖子较粗，喉结突出。

(1) 画出男性的头型
（注意廓型较棱角）

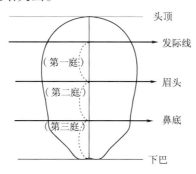

(2) 定出发际和眉毛、鼻子的位置
（注意三庭要相等）

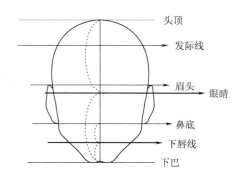

(3) 定出眼睛和嘴的位置
（眼睛在头长的1/2处）

注意：

　　男性的五官画法与女性、较五官画法基本相同，只是男性的眉毛较粗浓密；眼睛较小、较直；鼻子较大，鼻孔较粗；嘴较大且较方；耳朵较大较宽厚。

(4) 画出五官及头发和颈部
（男性的颈部较粗）

图2-1

## 二、男性正面头部发型及服饰品的画法

　　通常男性的发型较短，样式不像女性的发型那么多变化，在画正面的发型时，首先要明白你所要表现的发型特征（如三七分、中分还是四六分，是长发还是短发，是蓬松型还是贴头型），然后按比例表现出发型大的廓型，再用线条表现出头发的块面，如图2-2～图2-8所示。

图2-2

图2-3

图2-4

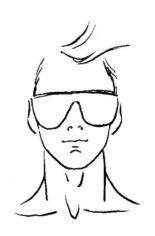

图2-5

图2-6　　　　　　　　　图2-7　　　　　　　　　图2-8

## 第二节　男性3/4侧面头部的画法

### 一、男性3/4侧面头部的画法

在我们熟练掌握正面头部的基础上，就可以练习3/4侧面男性头部的画法了，注意一定要把握好五官及头型的透视，再加上明显的结构轮廓，这样就可以取得很好的效果，如图2-9所示。

**注意：**

在绘制男性3/4侧头部时，结构明显的地方有眉弓、颧骨、口轮匝肌和下颔。凸出的结构处线条要比女性更明显。发型把握好大的块面和比例即可。

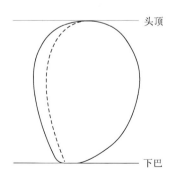

(1) 画出男性头部的大形和前中线（注意下巴的位置）

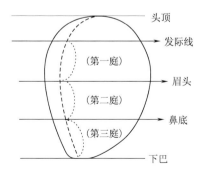

(2) 定出发际和眉毛、鼻子的位置（注意三庭要相等）

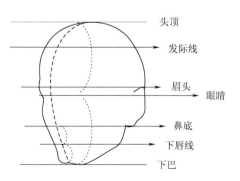

(3) 定出眼睛和嘴的位置并修出额骨、眉弓、颧骨、口轮匝肌、下颔的结构（注意五官的透视）

(4) 画出五官及头发和颈部
（3/4侧面的颈部要稍斜些）

图2-9

注意：

　　男性3/4侧面的五官透视与女性3/4侧面的五官透视方法相同，只是男性的眉毛较粗、较浓密；眼睛较小、较直；鼻子大，鼻孔粗；嘴较大且较方；耳朵较大较宽。

图2-10

## 二、男性3/4侧面头部发型及服饰品的画法

　　在画男性3/4侧面头部的发型时，除了要清楚你所要表现的发型特征外，还要注意发型会随着头部的侧转而产生的透视变化和空间感，如图2-10～图2-16所示。

图2-11

图2-12

图2-13

图2-14

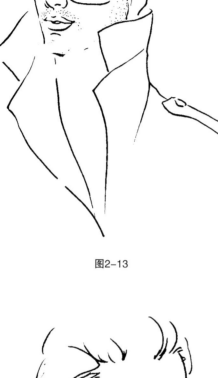

图2-15

图2-16

# 第三节　男性正侧面头部的画法

## 一、男性正侧面头部的绘画步骤

　　我们在掌握3/4面头部的基础上，就可以练习正侧面男性头部的画法，要注意正侧面面部的廓型变化，如图2-17所示。

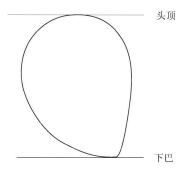

(1) 画出男性头部的大形和前中线（注意下巴的位置）

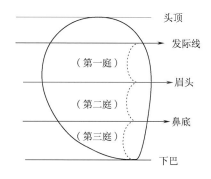

(2) 定出发际和眉毛、鼻子的位置（注意三庭要相等）

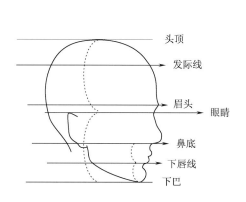

(3) 定出眼睛和嘴的位置并修出额骨、眉弓、鼻子、口轮匝肌、下巴的结构

(4) 画出五官及头发和颈部（正侧的颈部要稍斜大些）

图2-17

## 二、男性正侧头部的发型和服饰品的画法

　　正侧的发型要注意头发的蓬松度，在后脑勺的头发廓型要画得圆些，这样才能体现出头发厚度的一致性，另外还要注意表现头发的线条不要太多，能表现出大的侧面结构即可，如图2-18～图2-20所示。

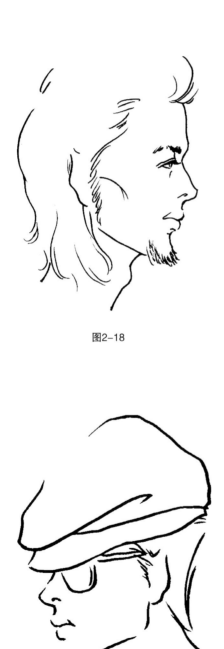

图2-18

图2-19

图2-20

# 第三章 儿童头部表现技法

课题名称：儿童头部表现技法

课题内容：不同年龄段儿童头部的画法

课题时间：2课时

训练目的：掌握服装用不同年龄阶段儿童头部的表现

教学方式：教师讲解、分析服装用儿童头部与成人头部特征的差异，并给学生示范，使学生进一步理解服装用儿童头部的表现技巧。

教学要求：1. 让学生懂得服装用不同年龄段儿童头部的差异。

2. 让学生掌握服装用儿童正、侧面头部的头形及五官的表现。

课程工具：A4复印纸、自动铅笔、2B橡皮、黑色0.5针管笔或小楷秀丽笔。

按儿童成长的不同阶段特征，大致可分为婴幼儿期、童年期、青少年期三个阶段。在这不同的年龄段，儿童的头部比例、五官的位置、大小都有所区别，因此在日常生活中我们看到一名儿童基本上就能估计出其年龄。

## 第一节 婴幼儿期儿童头部的画法

### 一、婴幼儿期的头部的特征

婴幼儿期的年龄段为0～6岁，这一时期儿童头部总体特征是额头大、脸蛋圆、眼睛大、鼻子小、耳朵大、嘴巴小、眉毛轻淡，如图3-1所示。

画好婴幼儿头部的要诀如下：

（1）脑袋基本呈现圆形，脸蛋胖，额头大。

（2）五官排列紧凑，位置较低。

（3）眉毛清淡，头发细软。

（4）眼形较圆，黑眼珠大。

（5）鼻头画圆，鼻孔画小。

（6）嘴小唇薄，唇线不要画得太粗。

（7）耳朵较大，轮廓线条分明。

（8）脖子短而细。

具体的绘画步骤，如图3-2所示。

图3-1

27

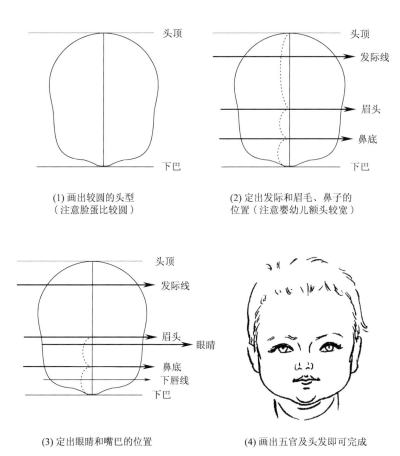

(1) 画出较圆的头型
（注意脸蛋比较圆）

头顶
下巴

(2) 定出发际和眉毛、鼻子的
位置（注意婴幼儿额头较宽）

头顶
发际线
眉头
鼻底
下巴

(3) 定出眼睛和嘴巴的位置

头顶
发际线
眉头　眼睛
鼻底
下唇线
下巴

(4) 画出五官及头发即可完成

图3-2

## 二、婴幼儿期儿童的头部发型及服饰品的表现

　　婴幼儿的头发稀少且短，要注意表现出其发质的柔软度和蓬松度，服饰品要注意其本身的比较及其与头部的比例，如图3-3～图3-10所示。

注意：

　　在绘制婴幼儿的头部时，为了表现出他们活泼、可爱的特征，我们还可以加些帽子、领饰、眼镜等服饰品和玩具以及独特的发型来强化这一特征，给人生动的感觉。

　　另外，在两岁之前不同性别的婴儿五官、外形差别不大，我们在绘制时只能通过发型和服饰品来加以区别。

图3-3　　　　　　　　　　图3-4　　　　　　　　　　图3-5

图3-6

图3-7

图3-8

注意：
　　在绘制婴幼儿的3/4侧面和正侧头部时，其透视原理和男女性头部3/4侧和正侧的画法相同，只是婴幼儿的头形和脸蛋要更圆些，发际线到眉毛的距离更宽些，鼻头大，嘴巴小。

图3-9

图3-10

# 第二节 童年期儿童头部的画法

童年期儿童的年龄段为7～12岁，这一时期头部跟婴幼儿头部相比，其特征是额头比例逐渐缩小、脸形变长、眼睛大、鼻梁显现、耳朵大、嘴巴增大、眉毛变浓密，男、女童外表区别增大，如图3-11～图3-16所示。

图3-11

图3-12

图3-13

图3-14

图3-15

图3-16

# 第三节 青少年期儿童头部的画法

青少年期的年龄段为13～18岁，这一时期儿童头部跟童年期相比的特征是三庭比例趋于相等、头形变窄、脸部肌肉变结实、眼睛逐渐变长、鼻梁明显、耳朵比例缩小、嘴巴增大、眉毛更加浓密，男女青少年外观发育明显，成小大人样子，如图3-17～图3-26所示。

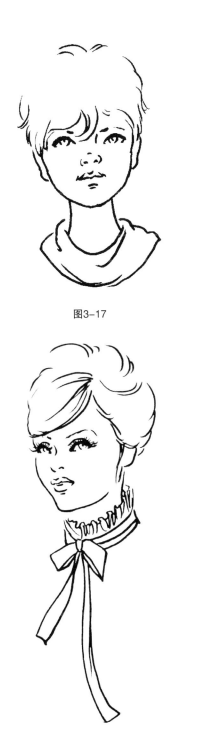

图3-17

图3-18

图3-19

图3-20

图3-22

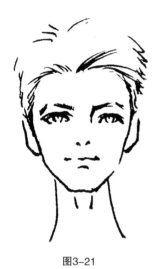

图3-21

图3-23

图3-25

图3-24

图3-26

# 第二部分　人体的比例及动态表现技法

## 第四章　女性人体的比例、结构及动态

课题名称：女性人体的比例、结构及动态
课题内容：女性人体的基本比例和结构，常用正面、侧面动态
课题时间：3课时
训练目的：让学生掌握女性人体的表现技能
教学方式：教师给学生示范，使学生能理解并且掌握女性人体的画法。
教学要求：1. 让学生掌握女性人体身高和宽度的比例。
　　　　　2. 让学生掌握女性人体中手脚的画法。
　　　　　3. 让学生掌握女性人体的常用动态。
课程工具：A4纸、自动铅笔、2B橡皮、黑色0.5针管笔或秀丽笔。

## 第一节　女性人体的基本比例和结构

### 一、女性人体的基本特征和结构

对人体结构的理解、把握的准确与否，不仅影响着装图中服装的比例关系，而且会对绘制服装款式图的比例有一定的影响，因此人体是学习服装画中比较重要的一个环节。在画女性人体之前，首先最好要对女性人体特征有些认识。我们可以把人体的各个部位分解为各种相应的几何形形状，然后组合成一个整体。

女性人体的特点：身材苗条，肌肤匀称，四肢修长、颈部细长，肩臀宽、腰围细，腰节短、髋骨高、手脚较小，具有骨感，如图4-1所示。

图4-1

33

### 1. 颈部

颈部为一个上小下大的锥形，如图4-2所示。

(1) 正面　　　　　(2) 3/4 侧面　　　　　(3) 正侧面

图4-2

### 2. 胸腔

胸腔为一个上宽下窄的梯形，如图4-3所示。

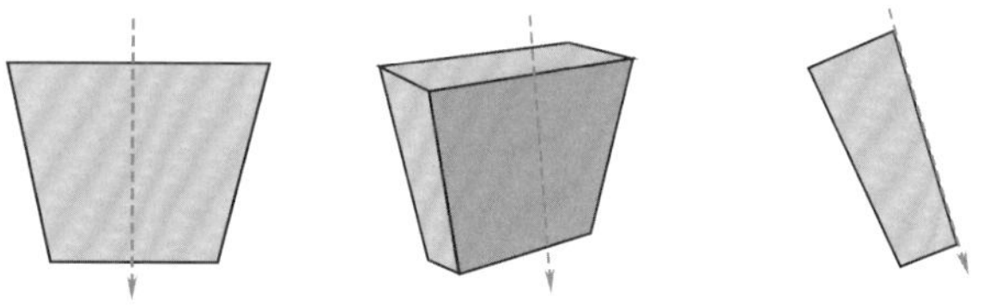

(1) 正面　　　　　(2) 3/4 侧面　　　　　(3) 正侧面

图4-3

**注意：**

任何物体都可以用几何形体来概括，把人体的各部位都用几何形体来理解就可以把复杂的结构简单化。

### 3. 臀部

臀部为一个上窄下宽的梯形，如图4-4所示。

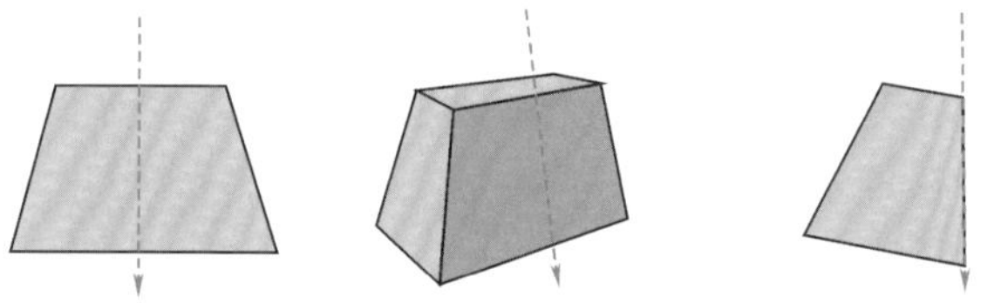

(1) 正面　　　　　(2) 3/4 侧面　　　　　(3) 正侧面

图4-4

图4-5

### 4. 下肢

下肢包括大腿、小腿和脚。

（1）大腿：为一个上宽下窄的锥形，如图4-5所示。

（2）小腿：为两端稍细、中上部宽的梭形，如图4-6所示。

（3）脚：为两个梯形的组合，如图4-7所示。

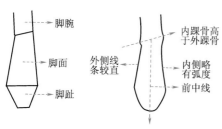

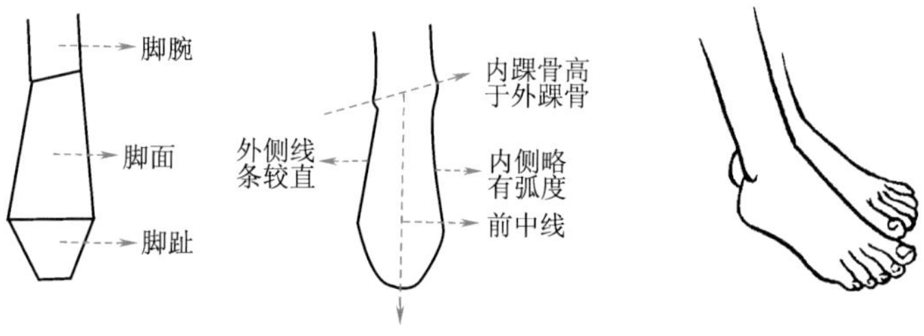

图4-7

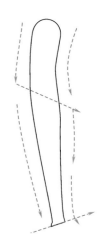

图4-6

在画人体的下肢之前，首先要对腿部和脚的各种动态有些认识，它可以帮助我们更好地把握人体的结构，如图4-8所示。

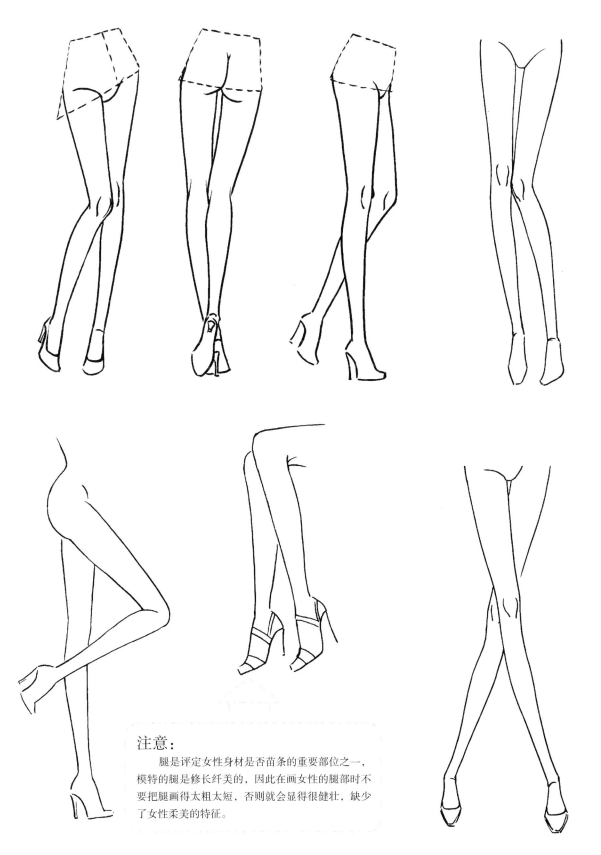

注意：
　　腿是评定女性身材是否苗条的重要部位之一，模特的腿是修长纤美的，因此在画女性的腿部时不要把腿画得太粗太短，否则就会显得很健壮，缺少了女性柔美的特征。

图4-8

## 5.上肢

上肢包括上臂、小臂和手，如图4-9所示。

（1）上臂：可以理解为臂根部稍粗的锥形。

（2）小臂：可以理解为上端较粗下端较细的锥形。

（3）手：手掌和手指的组合。

注意：

在画手臂时一定要注意上臂和小臂的曲线变化，因为曲线部分代表的是不同的结构组合，切忌不要画成直线。

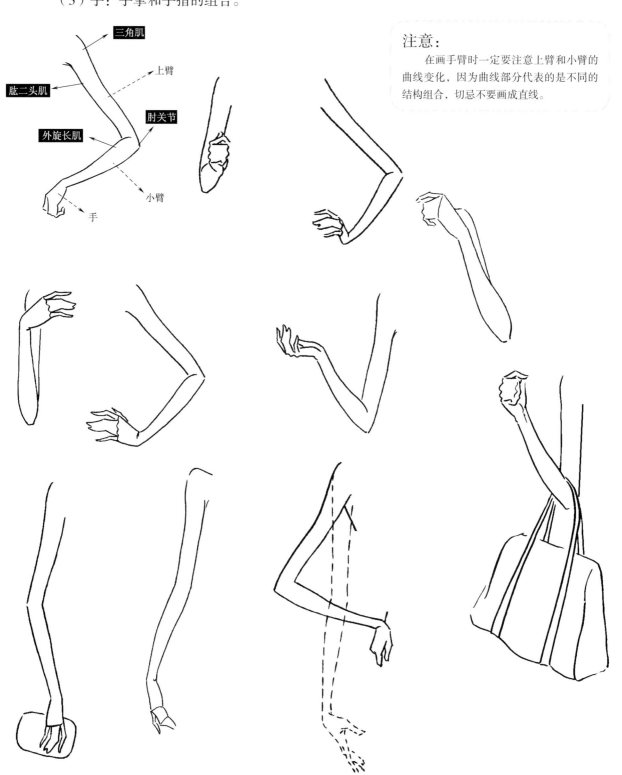

图4-9

在效果图中手的几种常用造型，建议熟练掌握，如图4-10所示。

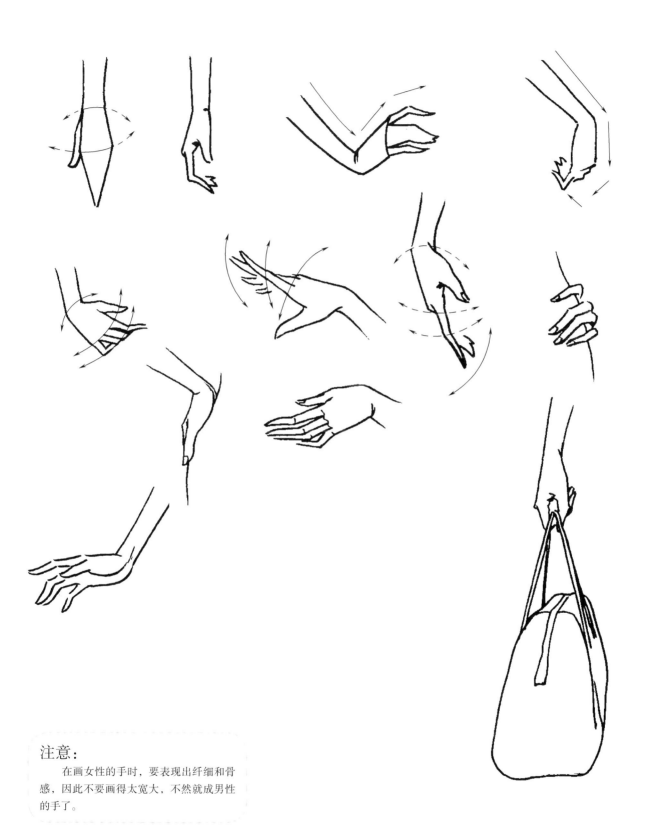

注意：
　　在画女性的手时，要表现出纤细和骨感，因此不要画得太宽大，不然就成男性的手了。

图4-10

## 二、女性人体的基本比例和绘制步骤

1.女性人体的基本比例

在绘制实用性服装人体时不要把人体画得过长，因为太长的人体会使效果图中的服装比例变形，不能够准确表现成品服装的具体比例、结构，因此我们使用的比例为：

身高为头长的9倍，即通常所说的9头身；肩宽约为头长的1.5倍；腰宽略小于1个头长；臀宽略小于肩宽；其他部位的宽度可自行调整，只要比例协调，结构准确即可。

2.绘制女性人体的详细步骤

（1）画一条垂直线段作为身高，并把其9等分，在此垂直线段上分别定出人体中各关键部位的名称，如图4-11所示。

在第一个头长处把头部画出来；在第二个头长的1/2处标出肩的位置；在第三个头长处标出腰节的位置；在第四个头长处标出臀围的位置；在第六个头长处标出膝盖的位置；在第八个头长稍下处标出脚踝的位置；在第九个头长处标出脚尖的位置。

（2）定出肩宽和腰宽、臀宽，画出肩到腰和腰到臀的两个梯形，如图4-12所示。

（3）画出下肢并连接肋部和臀部曲线，如图4-13所示。

（4）画出颈部和上肢，注意肩部会有自然倾斜，手臂垂下来时肘的位置在腰节处，手指尖接近大腿中部，如图4-14所示。

（5）接着画出乳房、颈窝、锁骨及肚脐眼，乳房可以理解为圆形，其底部的位置为第三个头长的上1/3处，如图4-15所示。

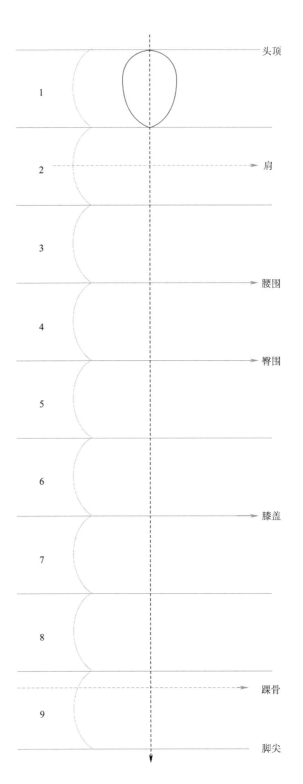

图4-11

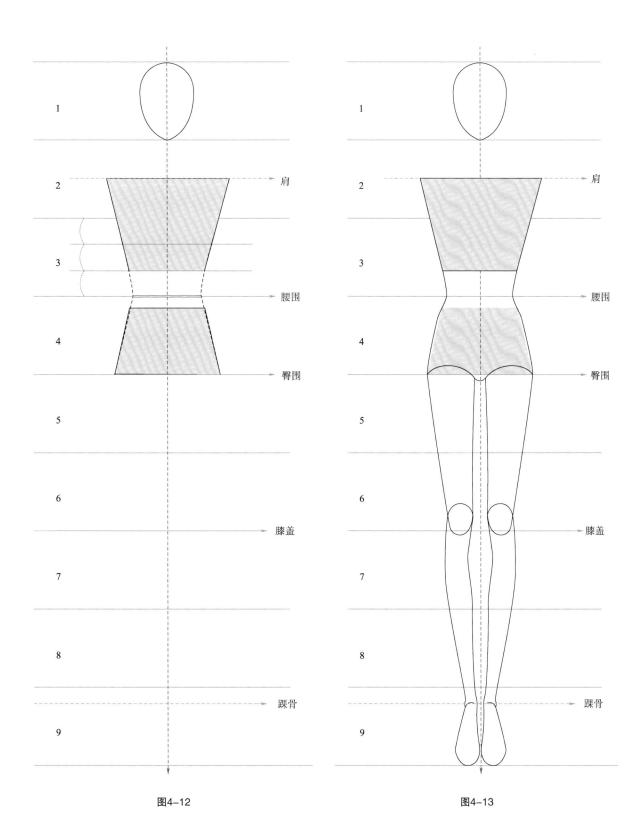

图4-12
图4-13

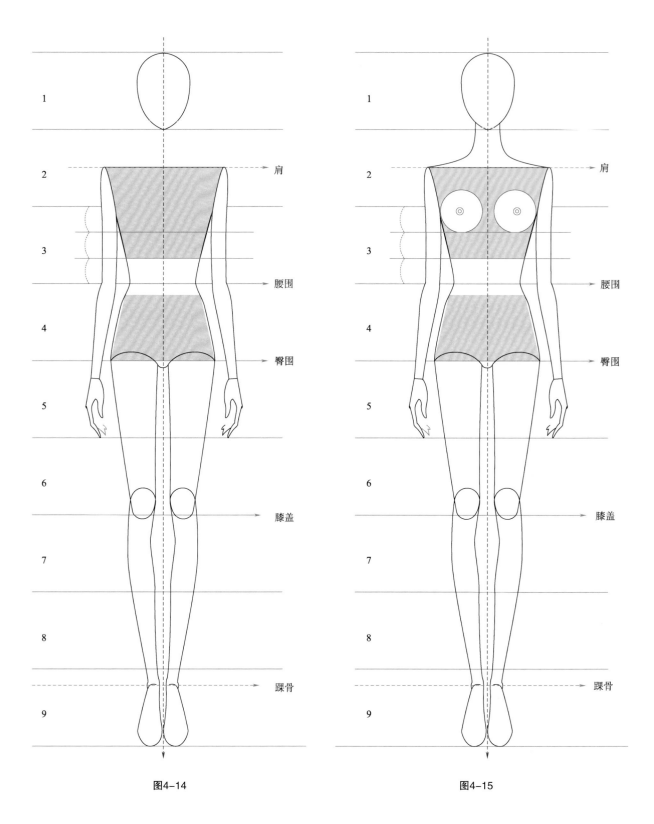

图4-14　　　　　　　　　　　　　图4-15

# 第二节 女性人体常用的正面动态

选择恰当的人体动态，除了能更清楚地表达出服装的具体款式特征，还能够使着装后的效果更加生动、自然，因此女性人体动态是时装画中女性人体比例和结构后的又一重要环节。

## 一、女性人体的常用正面动态特点（图4-16）

（1）肩部和臀部的梯形要进行倾斜。
（2）肩部和臀部的梯形倾斜方向相反。
（3）要注意重心线。
（4）要注意手臂和腿部的长短透视变化。
（5）要注意手脚的大小透视变化。

## 二、女性人体常用动态的绘画步骤

（1）画出重心线，并画出头部，如图4-17所示。
（2）画出肩部到腰部的梯形和腰部到臀部的梯形，如图4-18所示。
（3）画出支撑体重较多的承重腿，注意承重腿不能随意画，处理不好感觉模特站不稳，如图4-19所示。
（4）接着画出支撑体重的辅助腿，注意可以通过对辅助腿的变化而改变动态，如图4-20所示。
（5）画出脖子、胸廓和臀部的曲线，如图4-21所示。
（6）画出手臂和手，如图4-22所示。
（7）画出锁骨、肚脐、髋骨等结构处，如图4-23所示。

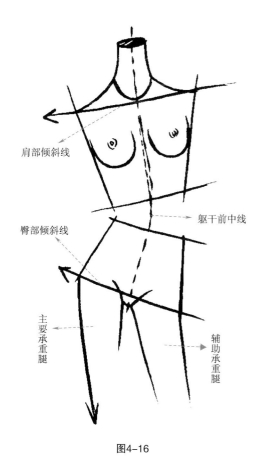

肩部倾斜线

躯干前中线

臀部倾斜线

主要承重腿

辅助承重腿

图4-16

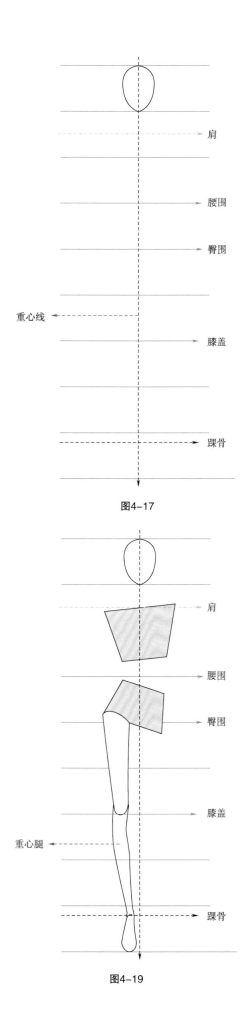

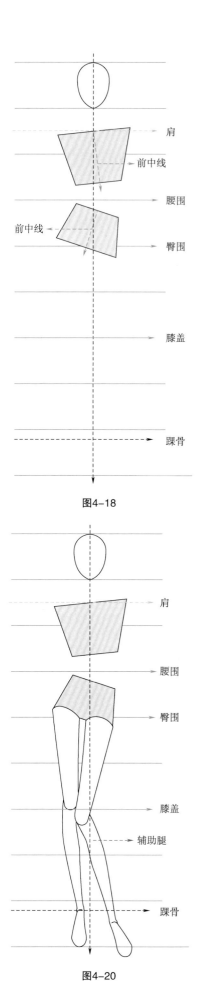

肩

腰围

臀围

重心线

膝盖

踝骨

图4-17

肩

前中线

腰围

前中线

臀围

膝盖

踝骨

图4-18

肩

腰围

臀围

膝盖

重心腿

踝骨

图4-19

肩

腰围

臀围

膝盖

辅助腿

踝骨

图4-20

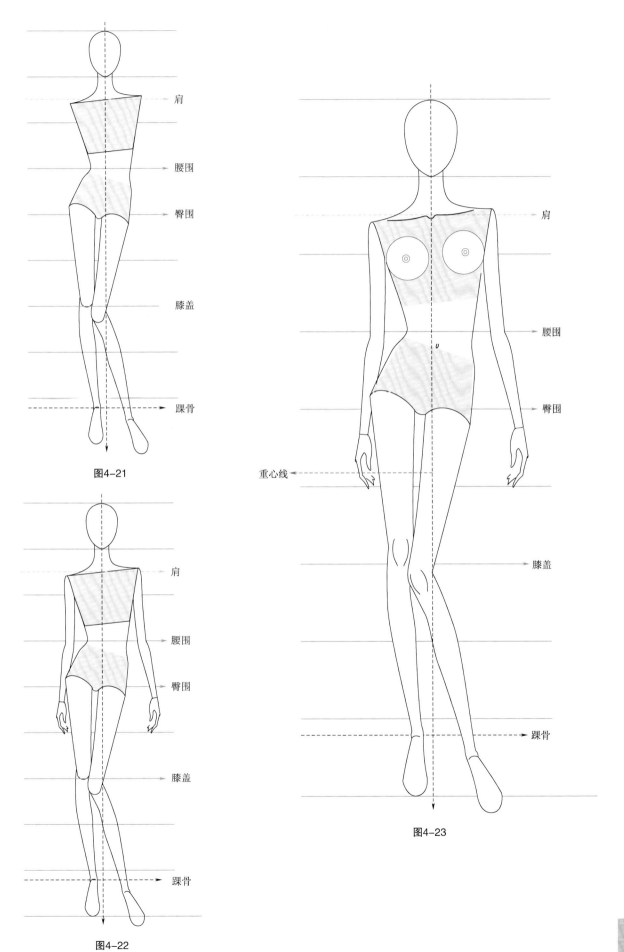

肩

腰围

臀围

膝盖

踝骨

图4-21

肩

腰围

臀围

膝盖

踝骨

图4-22

肩

腰围

臀围

重心线

膝盖

踝骨

图4-23

## 三、女性人体常用的正面动态

　　动态的变化主要是通过模特的头部、手臂、腿的位置来变化，躯干的变化并不明显，因此我们可以利用这个规律变化出许多自己喜欢的动态。当然，动态只是为了体现服装的款式特征，所以在绘制人体的动态时，可以根据所设计的服装特征而选择比较适合的动态。从实用角度出发，只要熟练掌握几个常用动态即可，如图4-24~图4-26所示。

> **注意：**
>
> 　　在绘制模特走路动态时，要注意把头和重心脚画在重心线上，并注意手臂和腿的远近透视。

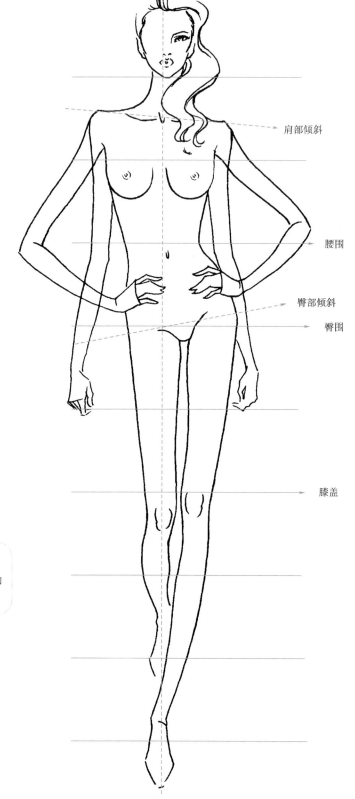

肩部倾斜

腰围

臀部倾斜

臀围

膝盖

图4-24

图4-25                                        图4-26

# 第三节　女性人体常用的侧面动态

选择侧面的人体动态不仅能清楚地表达出服装的侧面特征，而且更能够表达服装的立体效果，因此侧面人体动态也是进行服装设计工作时常用的动态之一。

## 一、女性人体侧面动态的分解

1. 在3/4侧面人体动态中，肩部到腰部的梯形变化

（1）人体在侧转时能看到身体的侧面，因此梯形由平面变为立体（注意近长远短、近宽远窄的透视规律），如图4-27所示。

（2）为了能较好地掌握梯形的比例，我们把梯形的外轮廓的四条线段延长，使之相互相交，如图4-28所示。

这样就把一个复杂的型概括到一个简单的型当中，在画侧面动态时就可以用这个简单的型进行绘制，如图4-29所示。

2. 在3/4侧面动态中，腰部到臀部的梯形变化

腰部到臀部的梯形变化与肩到腰部的梯形变化方法相同，如图4-30～图4-32所示。

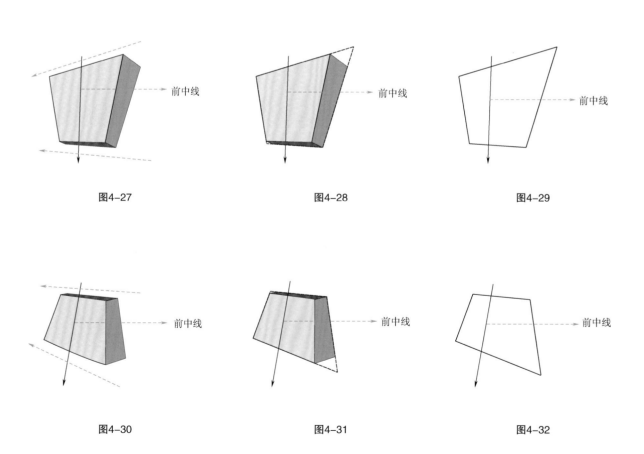

图4-27　　　　　　　　　　图4-28　　　　　　　　　　图4-29

图4-30　　　　　　　　　　图4-31　　　　　　　　　　图4-32

**3. 侧转身体时的躯干变化原理（图4-33）**

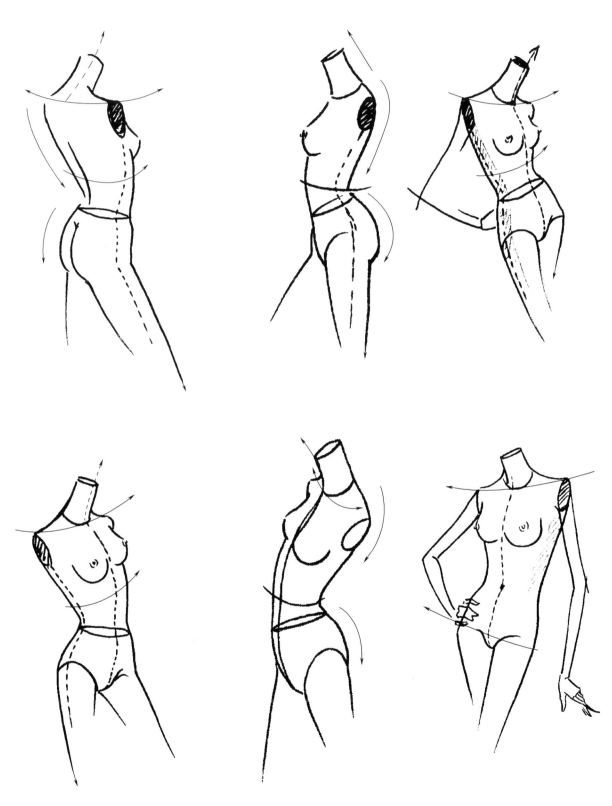

图4-33

## 二、女性人体3/4侧面动态的绘画步骤

（1）画出重心线，并画出头部，注意头部跟重心线的位置关系，如图4-34所示。

（2）画出肩部到腰部的梯形和腰部到臀部的梯形，注意两个梯形的透视变化，如图4-35所示。

（3）画出下肢重心脚的位置（注意重心要稳），如图4-36所示。

（4）画出倾斜的脖子、外凸的胸及腰臀部的曲线，如图4-37所示。

（5）画出上肢，如图4-38所示。

（6）画出锁骨、肚脐、髋骨等结构处，并修改线条，使各部位之间的关节连接处顺畅、自然，如图4-39所示。

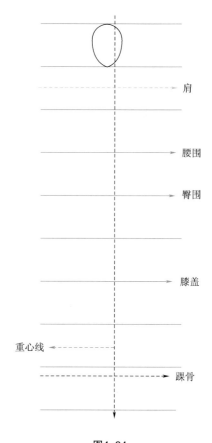

图4-34

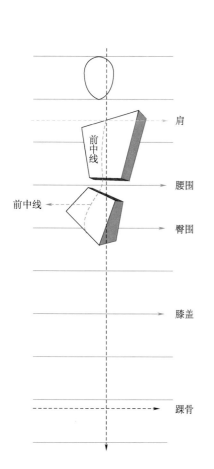

图4-35

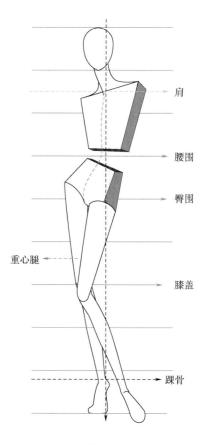

图4-36

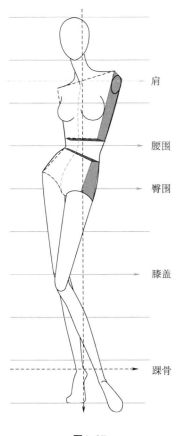

图4-37

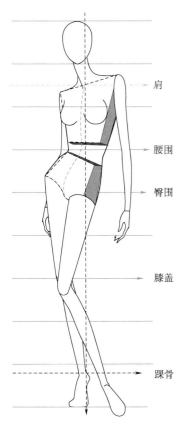

图4-38

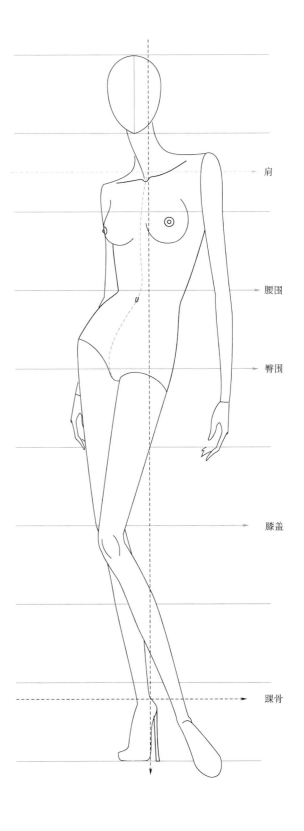

图4-39

第四章 女性人体的比例、结构及动态

49

### 三、女性人体侧面动态实例

同一动态可以通过模特手臂的变化来表现动态的丰富性，以适应表现不同风格特征的服装。

1. 女性人体前侧动态表现实例（图4-40～图4-48）

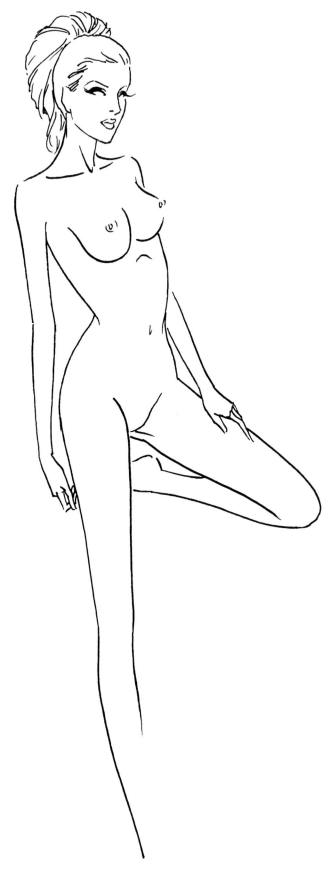

图4-40

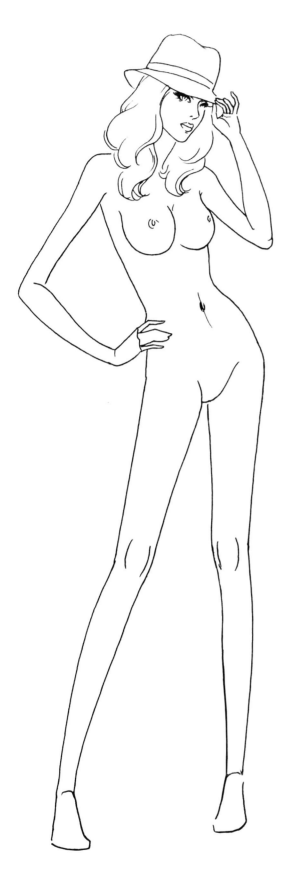

图4-41

图4-42

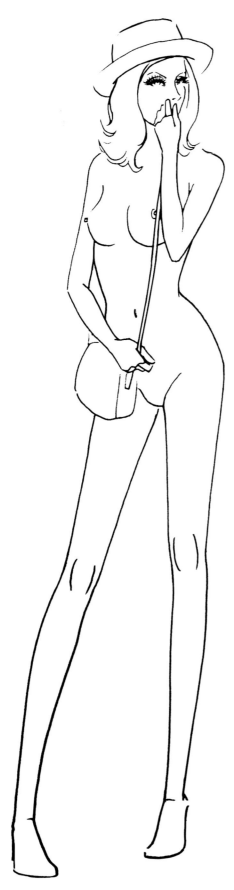

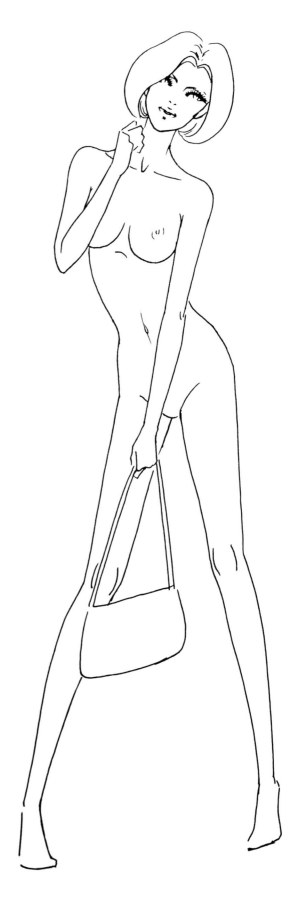

图4-43

图4-44

图4-45　　　　　　　　　　　　　　　　图4-46

图4-47                              图4-48

2. 女性人体正侧动态表现实例（图4-49、图4-50）

图4-49

图4-50

3. 女性人体后侧动态表现实例（图4-51～图4-55）

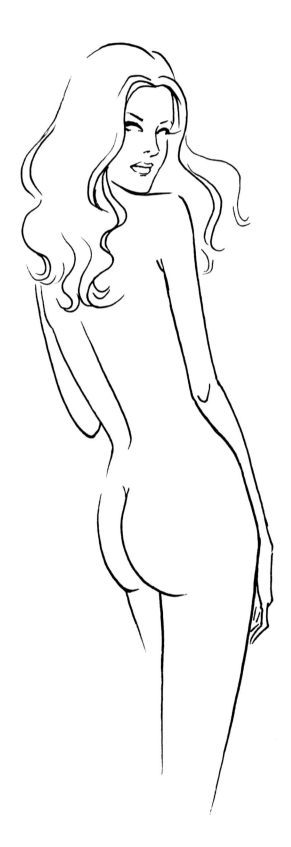

图4-51

图4-52                    图4-53

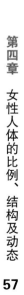

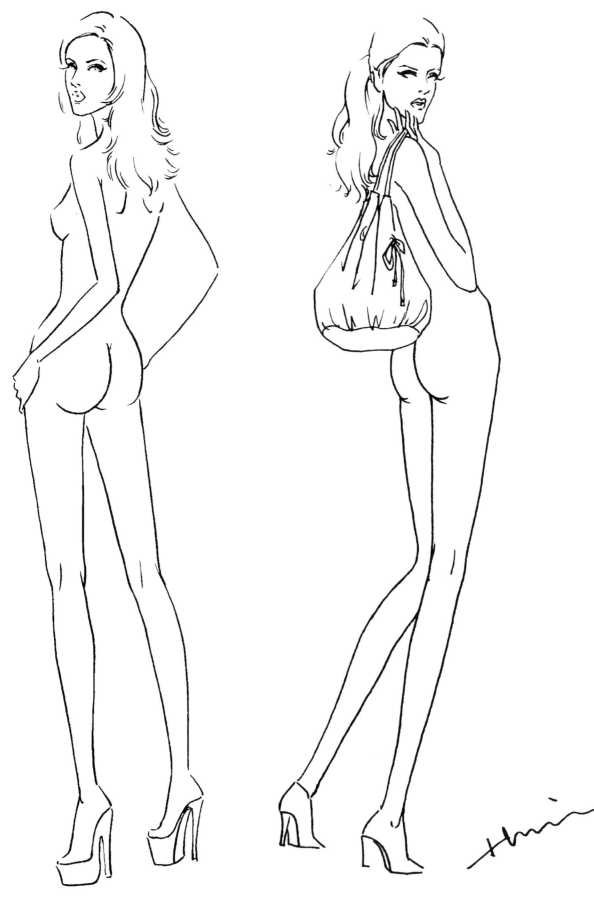

图4-54　　　　　　　　　　　图4-55

## 四、女性人体组合动态的表现实例（图4-56～图4-59）

　　为了表现同一系列的服装款式，我们通常还要学会画组合的人体。可以是两人组合，也可以多人组合，不管是多少人体动态的组合，始终都要注意以下几点：
　　（1）要使组合在一起的模特在同一水平面上。
　　（2）组合在一起的模特身高基本一致。
　　（3）要使组合在一起的模特相互有联系。

图4-56

图4-57

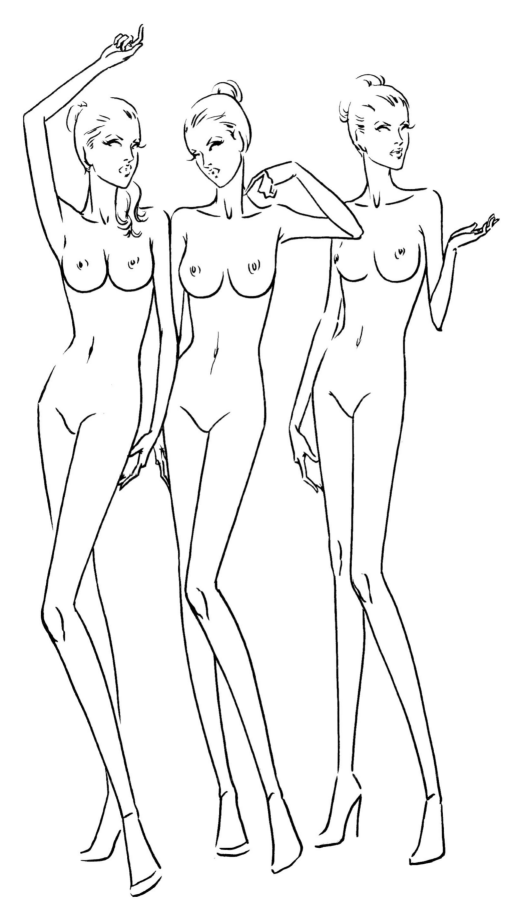

图4-58

图4-59

## 五、女性人体的变化型动态表现实例

　　为了能进一步加深、理解、掌握女性人体结构的特征，把握好女性人体动态造型的变化规律，我们也可以练习一些变化性的女性人体动态。这样既可以练习女性人体结构，加深印象，又可以扩大女性人体造型范围，增加了绘画的趣味性，消除了几个固定动态的单调感，如图4-60~图4-65所示。

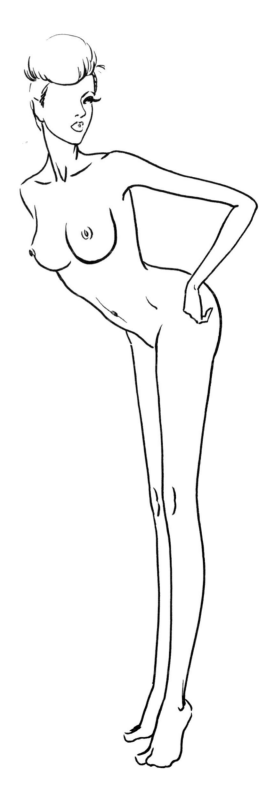

图4-60

图4-61

图4-62

图4-63

图4-64

图4-65

# 第五章　男性人体的比例及动态

课题名称：男性人体的比例及动态
课题内容：男性人体的比例和正、侧面动态表现
课题时间：2课时
训练目的：让学生掌握男性人体的表现
教学方式：教师讲解、分析服装用男性人体与女性人体比例的差异，并给学生
示范，使学生能快速理解、掌握男性人体的画法
教学要求：1. 让学生懂得服装用男性人体比例与真实男性人体比例的差异。
2. 让学生掌握服装用男性人体高度和宽度比例。
课程工具：A4纸、自动铅笔、橡皮、黑色0.5针管笔或秀丽笔。

## 第一节　男性人体的基本比例及正面动态

### 一、男性人体的基本比例

我们在设计男装时还要学会绘制男性人体。跟女性人体相比较，男性人体的特征为：

身材魁梧、肌肉发达、四肢粗壮、颈部粗短、肩宽臀窄、腰长髋低、手脚宽大。

男性人体的基本比例，如图5-1所示。

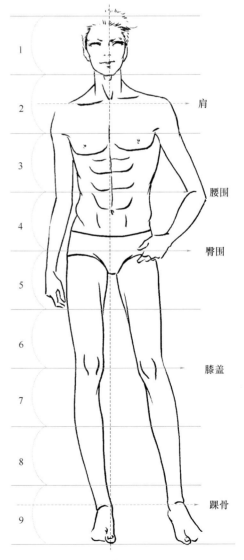

图5-1

**65**

## 二、男性人体的常用正面动态实例

男性人体的常用正面动态实例，如图5-2、图5-3所示。

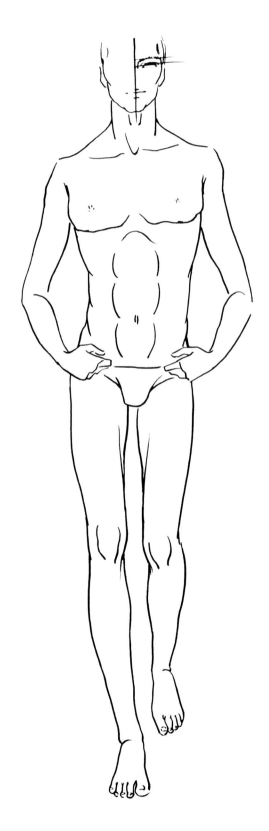

图5-2

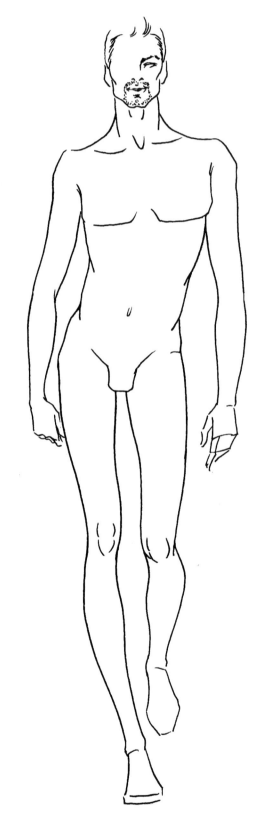

图5-3

# 第二节　男性人体的常用侧面动态

　　男性人体的侧面动态是表现男装的常用动态，因为侧面更加能表现出男性强健的体格，在绘制着装时也更能充分体现出男性的帅气与潇洒。

　　男性人体的常用侧面动态实例，如图5-4～图5-10。

图5-4

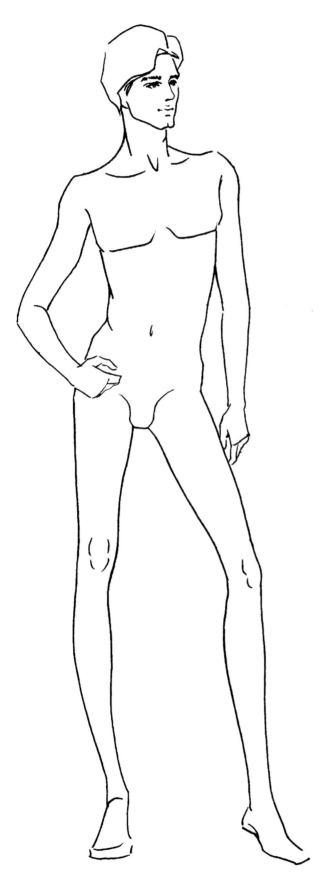

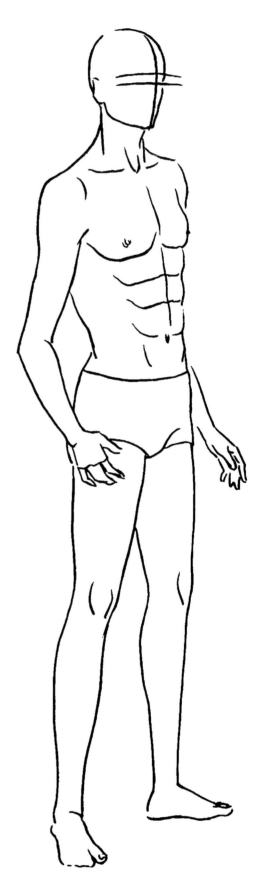

图5-5

图5-6

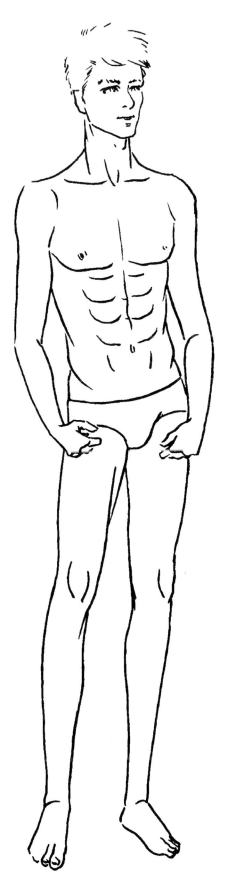

图5-7

图5-8

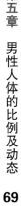

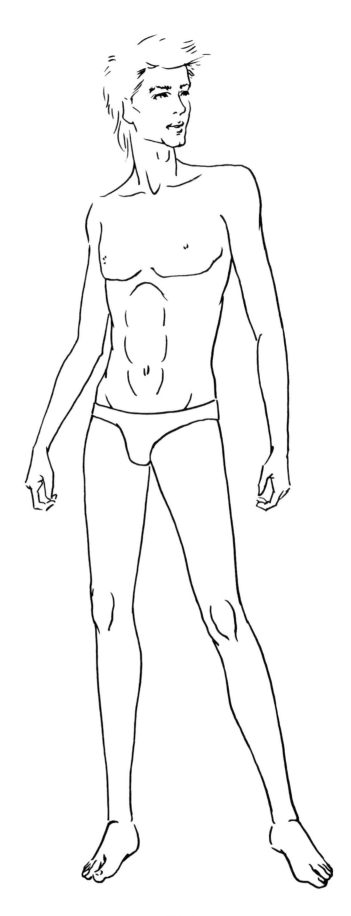

图5-9

图5-10

# 第六章　儿童人体的基本比例及动态

课题名称：儿童人体的基本比例及动态
课题内容：1. 不同时期儿童的体型差异分析、具体比例。
　　　　　2. 男女儿童体型的异同及动态。
课题时间：2课时
训练目的：让学生掌握服装用儿童体型的画法
教学方式：教师讲解、分析不同时期儿童的体型比例及动态并示范，使学生能
　　　　　充分理解、掌握其表现。
教学要求：1. 让学生懂得服装用儿童人体的比例与结构。
　　　　　2. 让学生掌握服装用男女儿童的常用动态。
课程工具：A4纸、铅笔、橡皮、黑色0.5针管笔或秀丽笔。

　　在教授儿童头部画法时本书提到过，儿童的成长阶段可分为婴幼儿期、童年期、青少年期三个时期。在画儿童身体的比例时也要注意，因为在这三个不同时期的儿童身体比例有着很大差别。

## 第一节　婴幼儿期儿童人体的基本比例及动态

### 一、婴幼儿期儿童人体的体型比例

　　婴幼儿期的年龄段为0～6岁，这一时期身体总的特征是：头大而圆、脖子细而短，腹部圆滚，四肢短而肥、手脚小而胖。身高大约为4个头长，肩宽略大于一个头长，腰宽大于臀宽，如图6-1所示。

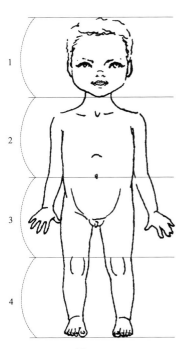

图6-1

**71**

## 二、婴幼儿期儿童人体的常用动态

婴幼儿动态活泼可爱，因此我们在绘制时为了表现这一特征，可以通过扭着的头、分开的腿、伸出来的手臂以及服饰品、玩具等来表现，如图6-2～图6-6所示。

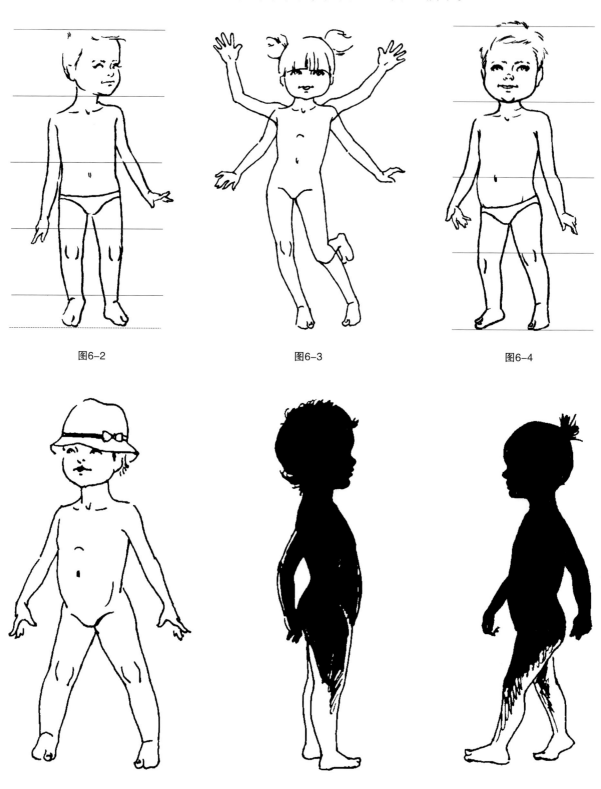

图6-2                                    图6-3                                    图6-4

图6-5                                                    图6-6

# 第二节　童年期儿童人体的基本比例及动态

童年期儿童的体型与婴幼儿体型相比，其变化特征为：头部增长的速度比较慢，身高逐渐增长，臀腰差逐渐明显，腹部没有婴幼儿期圆滚，脖子增长，手脚增大，四肢增长。

## 一、童年期儿童人体的体型比例

童年期的年龄段为7～12岁，这一时期儿童头大而圆、脖子细而短、腰呈桶形、四肢增长、手脚较小。身高增高，大约为5个头长，肩宽稍大于1个头长，臀宽略大于腰宽，如图6-7所示。

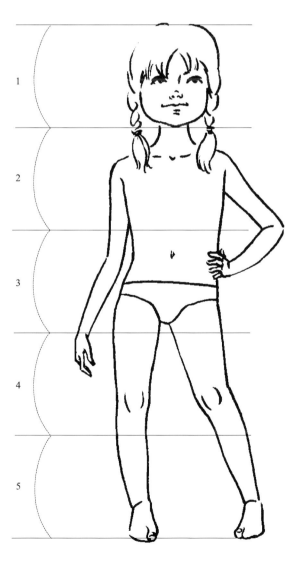

图6-7

## 二、童年期儿童人体的常用动态实例

童年期男孩活泼好动，造型较多，女孩稍显文静、乖巧，因此在绘制时要加以区分，如动态的幅度大小、发型和配饰等，如图6-8～图6-12所示。

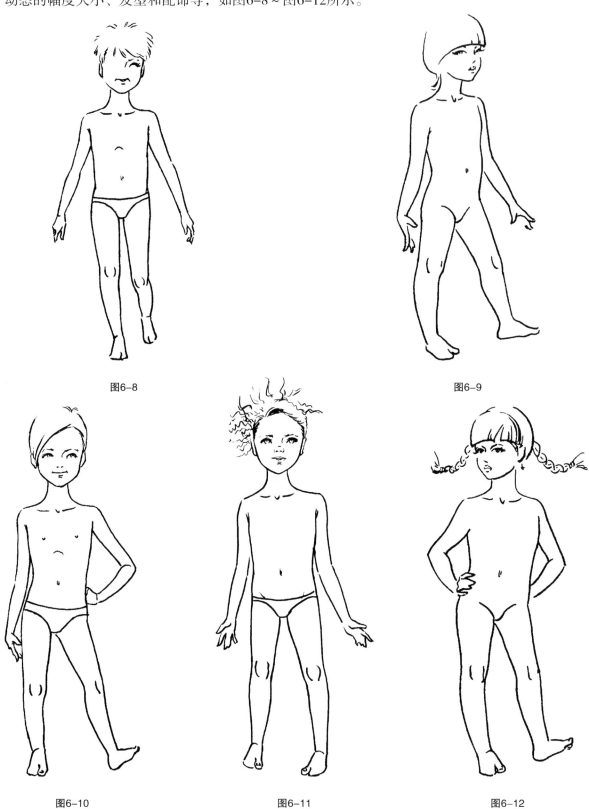

图6-8　　　　　　　　　　　　　　　　　　图6-9

图6-10　　　　　　　　　　　图6-11　　　　　　　　　　　图6-12

## 三、童年期儿童人体的组合动态

在设计系列童装时也可以应用组合式动态，可以是两人组合，也可以是多人组合。我们可以根据前面的儿童体态规律进行组合练习，如图6-13、图6-14所示。

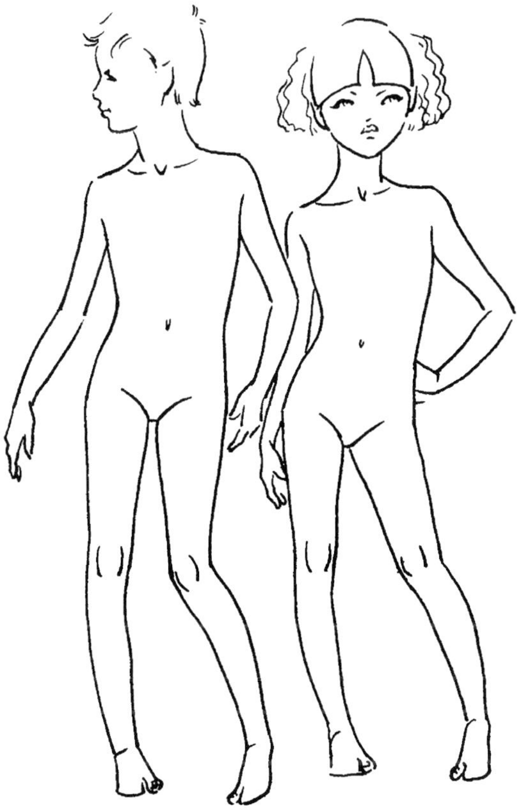

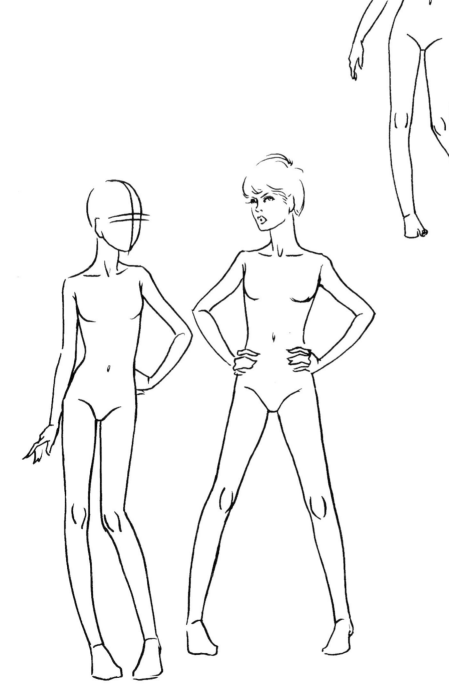

图6-13

图6-14

# 第三节　青少年期儿童人体的基本比例及动态

青少年期儿童人体的体型变化特征为：脸部逐渐变得清瘦，头型变长，身高逐渐增高，臀腰曲线逐渐显现，脖子细长，手脚增大并有骨感，四肢变得细长。男女生性别特征逐渐明显，男生开始长胡须，肩部变宽，肌肉逐渐变得结实；女生的胸部开始发育，腰部变细，身体显现出曲线之美。

## 一、青少年期儿童人体的体型比例

青少年期的年龄段为13～17岁，这一时期身体总的特征是瘦长。身高大约为7个头长，肩宽要小于1.5个头长，腰宽大于臀宽，如图6-15所示。

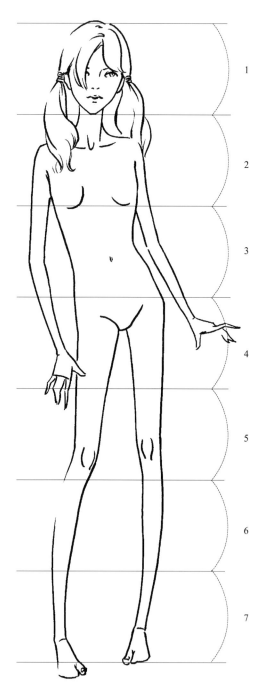

图6-15

## 二、青少年期儿童人体的常用动态

　　青少年思维日益成熟，对事物有着自己的看法和判断标准，对自己的喜好已经有了明显的自控能力，已经成为一个"小大人"了，因此在画动态时不要过于做作可爱，如图6-16~图6-25所示。

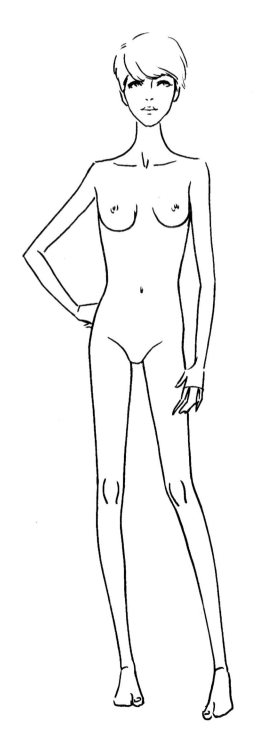

图6-16

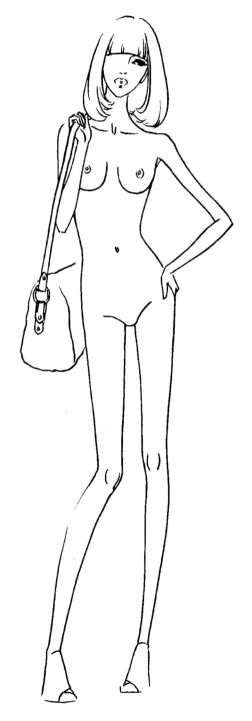

图6-17

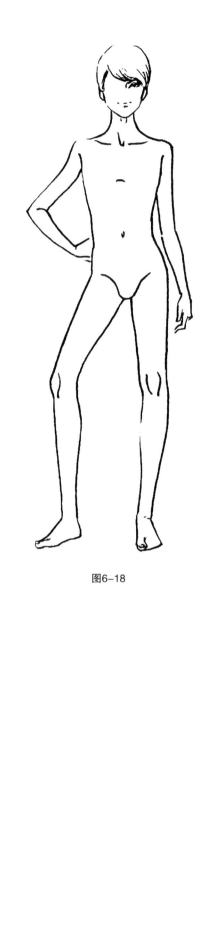

图6-18

图6-19

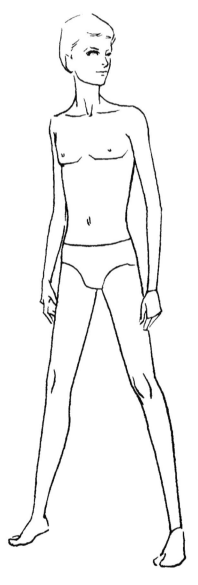

图6-20

图6-21

图6-23

图6-22

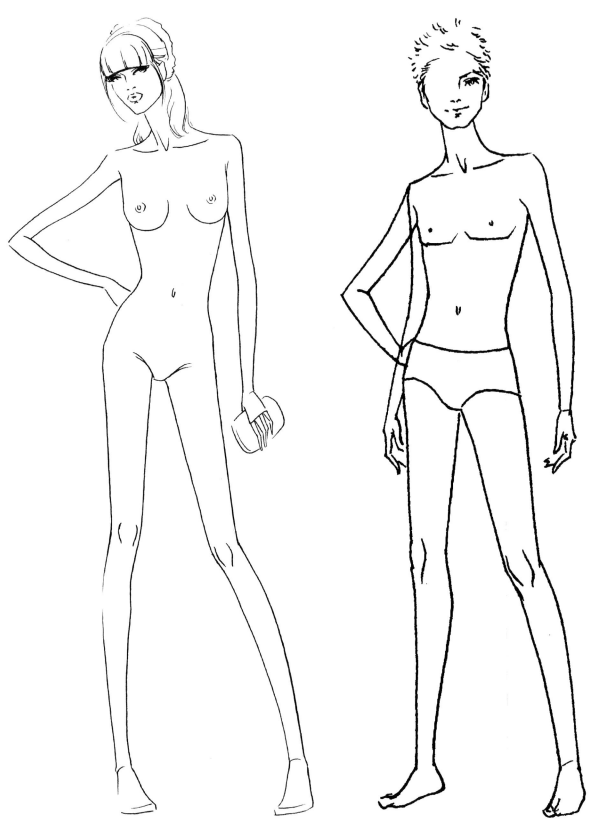

图6-24                    图6-25

# 第三部分　人体着装线描图的表现技法

## 第七章　女性人体着装线描图的表现技法

课题名称：女性人体着装线描图的表现技法
课题内容：1. 服装女体的着装图与真实女体着装时的异同分析。
　　　　　2. 服装衣纹的表现以及服装厚度、款式与女体之间的表现。
课题时间：4课时
训练目的：让学生掌握女性人体的着装表现技巧
教学方式：教师讲解、分析服装女体的着装图与真女体着装图的异同，并为学
　　　　　生示范，使学生能够理解并掌握女体的着装规律。
教学要求：1. 让学生掌握服装女体穿着不同类型服装的绘制方法。
　　　　　2. 让学生掌握服装女体着装中饰品的绘制。
课程工具：A4复印纸、黑色铅笔、橡皮、黑色0.5针管笔或秀丽笔。

在绘制人体着装图时，经常会出现各种各样的问题，比如服装感觉和人体没关联，不像穿在人身上，衣纹太僵硬不够自然，衣纹太杂乱无序，服装比例不协调等。但如果掌握要领，各种问题都可迎刃而解。

## 第一节　女性人体着装图的画法

### 一、女性人体着装图的表现要点（图7-1、图7-2）

（1）要在人体上加出服装的厚度，要先考虑到所用材料的厚度、服装内外衣服的层次厚度以及服装款式（如是否有里料、填充物等）厚度。

（2）在着装时还一定注意服装的廓型和比例关系。

（3）要注意表现出着装后服装的空间感，即在服装的边缘处（如领口、袖口、下摆、腰头、裤口、裙摆等）线条要画成曲线，不能画成直线。

（4）要注意服装和人体之间的虚实关系。

（5）要用概括的手法表现出服装在着装后所产生的衣纹（通常用的有拉伸纹、挤压纹、悬垂纹）。

（6）注意用线条的曲直来表现服装材质的软硬（表现手感较软的材料时线条要比较曲，表现手感较硬挺的材料时线条要较直）。

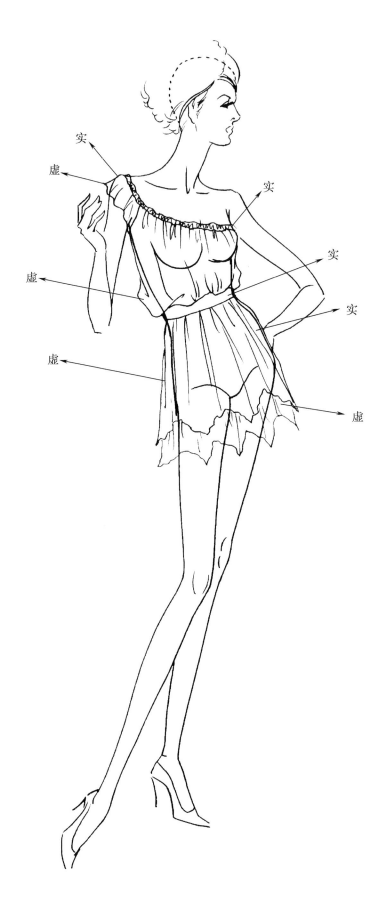

实

虚

实

实

虚

实

虚

虚

图7-1

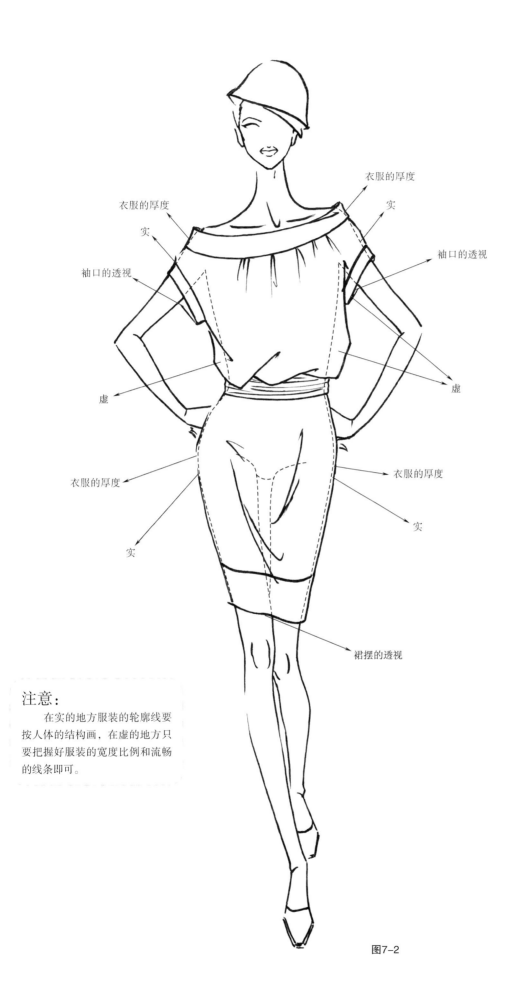

衣服的厚度

衣服的厚度

实

实

袖口的透视

袖口的透视

虚

虚

衣服的厚度

衣服的厚度

实

实

裙摆的透视

**注意：**
　　在实的地方服装的轮廓线要
按人体的结构画，在虚的地方只
要把握好服装的宽度比例和流畅
的线条即可。

图7-2

## 二、女性人体着装时衣纹的表现技法

在着装时，服装通常会随着人体的扭动产生相应的纹路，也就是我们说的衣纹。在现实生活中，着装后会有许多大小不一、方向不同的衣纹。在绘制着装线描图时，一定要记住衣纹不能画得太多，否则会喧宾夺主，反而让人看不清服装的具体款式，因此要概括地画。

在着装中常见的衣纹有拉伸纹、挤压纹、悬垂纹三种，还有一种在表现画面动感时（如围巾）或轻薄面料的飘逸质感（如纱类织物）时画的飘纹，其原理与悬垂纹相同，都为一点受力，区别在于悬垂纹的方向是向下，而飘纹是斜向的，如图7-3所示。

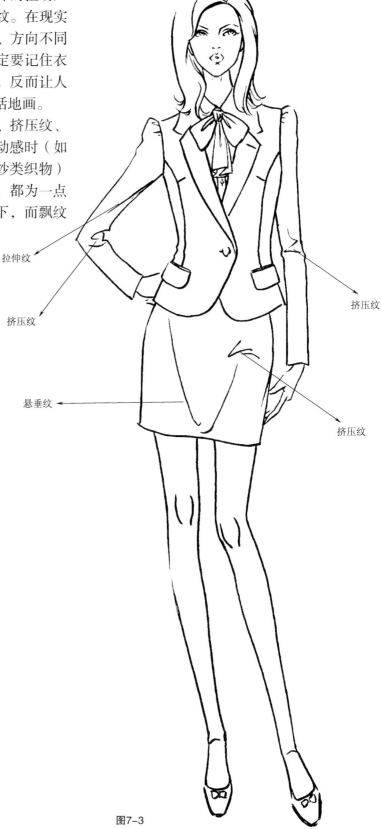

拉伸纹

挤压纹

悬垂纹

挤压纹

挤压纹

图7-3

# 第二节　实用型女性人体着装图的表现实例

女装风格多样，款式变化丰富，并且不同的风格其所使用的材料也有所差异，因此在画女装线描图时，一定要画出每种风格各自所具有的特征和所用材料的质感。

## 一、单独式女性人体着装图的表现实例

### （一）写实型女性人体着装图的表现实例

1.线描式女性人体着装图的表现实例

（1）完整型女性人体线描图的表现实例，如图7-4~图7-15所示。

> 注意：
>
> 　　绘画手感柔软的材料着装时，线条要画得自然顺畅，如薄型棉类和丝绸类；相反，绘画手感较硬挺的材料着装时，线条要画得较直些，才会有硬挺的感觉，如中厚型毛呢类和混纺类。质地较薄的材料衣纹小而多；质地较厚的衣纹较大而少。

图7-4

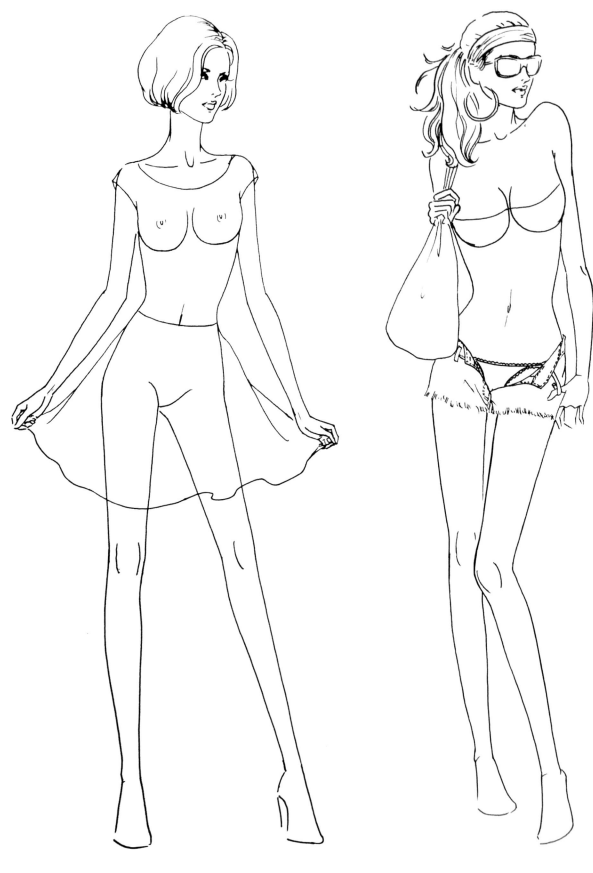

图7-5　　　　　　　　　　　　　　　　　图7-6

图7-7

图7-8

图7-9

图7-10

图7-11

图7-12

图7-13

图7-14                                图7-15

（2）省略型女性人体着装的实例表现。在绘制着装线描图或设计草图时，为了更好地提高效率，我们可以省略人体及动态中的一些非关键部分，而不用全部表现出来，如五官、发型、腿部等，但服装部分不能省略，要表现得细致些，如图7-16～图7-19所示。

图7-18

图7-16

图7-17

图7-19

2. 明暗式女性人体着装图的表现实例

采用素描的明暗式绘画手法表现出来的着装图，这种绘制方法的练习有助于以后效果图的上色，如图7-20～图7-25所示。

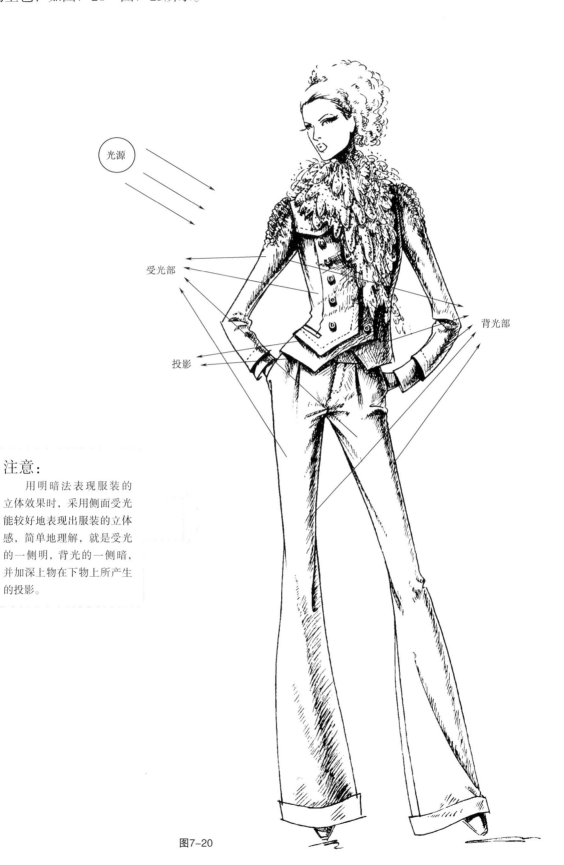

光源

受光部

投影

背光部

**注意：**

用明暗法表现服装的立体效果时，采用侧面受光能较好地表现出服装的立体感，简单地理解，就是受光的一侧明，背光的一侧暗，并加深上物在下物上所产生的投影。

图7-20

图7-21

图7-22

图7-23

第七章　女性人体着装线描图的表现技法

95

图7-24

图7-25

## （二）概括型女性人体着装图的表现实例

概括型女性人体着装图的表现实例，如图7-26~图7-30所示。

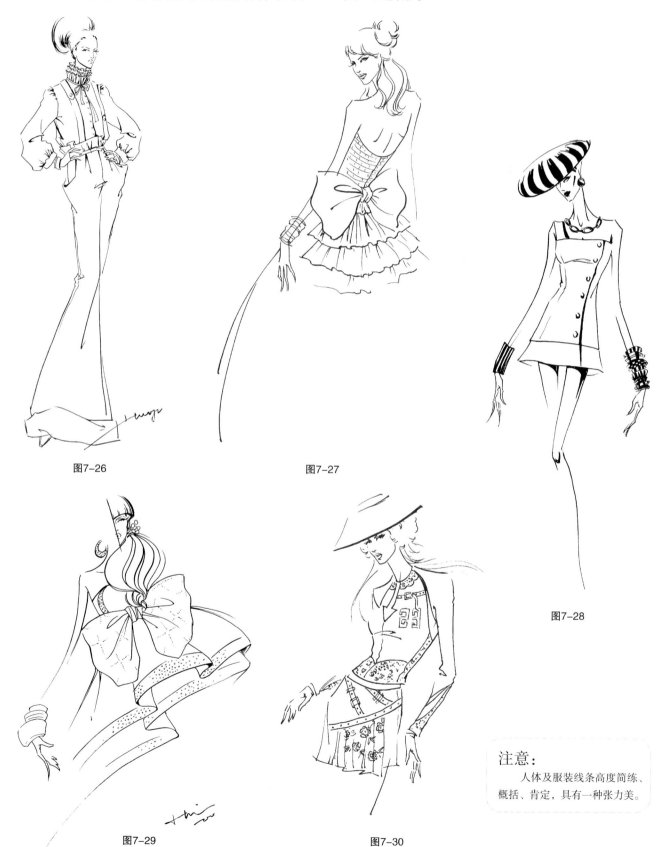

图7-26

图7-27

图7-28

图7-29

图7-30

**注意：**
人体及服装线条高度简练、概括、肯定，具有一种张力美。

（三）草图型女性人体着装图的表现实例

在服装设计的前期多采用草图的形式进行绘制，主要是用以体现服装的主要设计构思而绘制出服装大的造型，不拘小节，用笔随意自然，追求整体感觉，如图7-31～图7-33所示。

图7-31

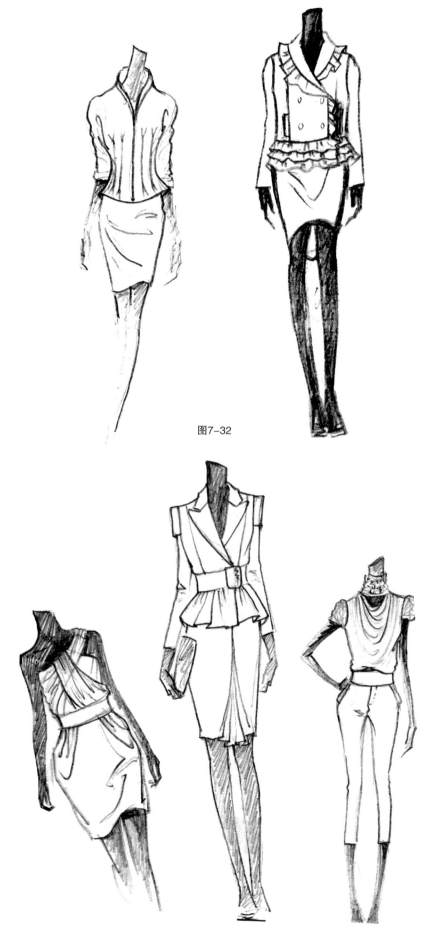

图7-32

图7-33

## 二、组合式女性人体着装图的表现实例

　　组合式着装图有两人组合和多人组合，要把握好模特之间的组合方向，人体动态及服装要相互联系，这样才能表现出较强的整体美，如图7-34～图7-36所示。

图7-34

图7-35

图7-36

# 第三节　欣赏型女性人体着装图的表现实例

　　欣赏型女性人体着装图不是为服装企业的实际生产设计工作绘制的，主要目的是为表现模特着装后的一种或静态或动态、或传统或前卫的欣赏美。其动态往往丰富多变，神态各异，服装款式具有一定的独特性，如图7-37～图7-41所示。

图7-37

图7-38

图7-39

图7-40

图7-41

# 第八章　男性人体着装线描图的表现技法

**课题名称：** 男性人体着装线描图的表现技法

**课题内容：** 1. 服装具体的着装图与真实男体着装时的异同分析。

2. 服装衣纹的表现及服装厚度、款式与男体之间的表现。

**课题时间：** 3课时

**训练目的：** 让学生掌握男性人体的着装表现技巧

**教学方式：** 教师讲解、分析服装男体的着装图与真男体着装图的异同，并给学
生示范，使学生能够理解并掌握男体的着装规律。

**教学要求：** 1. 让学生掌握服装男体穿着不同类型服装的绘制方法。

2. 让学生掌握服装男体着装中饰品的绘制。

**课程工具：** A4复印纸、黑色铅笔、橡皮、黑色0.5针管笔或秀丽笔。

## 第一节　男性人体着装图的画法

男性人体着装图的画法和女性人体着装图的
画法基本相同，只是男装相对更简洁，所以线条
要更加硬朗，如图8-1所示。男性人体着装图的
表现要点如下：

（1）注意加出服装的厚度。

（2）注意上下装和零部件的比例和位置。

（3）注意表现出服装的空间感。

（4）注意服装和人体之间的虚实关系。

（5）注意概括出衣纹。

（6）注意服装的线条要干脆、利落。

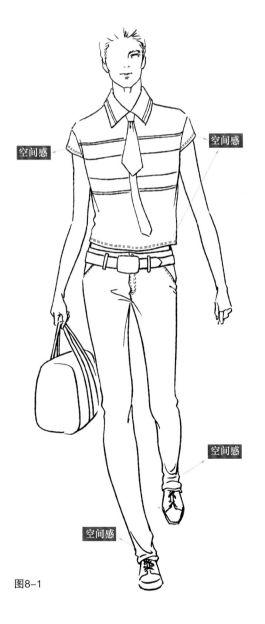

空间感　空间感　空间感　空间感

图8-1

**109**

# 第二节　男性人体着装线描图的表现实例

　　男装和女装相比，款式变化相对较少，而且款式简单，更侧重材质和工艺。因此我们在绘制男装线描图时要注意衣纹不要画得太多，要给人大气之感。

## 一、春夏季男装线描图的表现实例

　　春夏季男装线描图的表现实例如图8-2~图8-4所示。

图8-2

图8-3                               图8-4

## 二、秋冬季男装线描图的表现实例

秋冬季男装线描图的表现实例如图8-5~图8-9所示。

图8-5

图8-6 图8-7

图8-8                    图8-9

# 第九章  儿童人体着装线描图的表现技法

课题名称：儿童人体着装线描图的表现技法
课题内容：1.服装儿童体的着装图与真实儿童体着装时的异同分析。
　　　　　2.服装衣纹的表现以及服装厚度与儿童体之间的表现。
课题时间：3课时
训练目的：让学生掌握儿童体的着装表现技巧
教学方式：教师讲解、分析服装儿童人体的着装图与真儿童人体着装图的异
　　　　　同，并给学生示范，使学生能够理解并掌握儿童人体的着装规律。
教学要求：1.让学生掌握服装儿童人体穿着不同类型服装的绘制方法。
　　　　　2.让学生掌握服装儿童人体着装中饰品的绘制。
课程工具：A4复印纸、黑色铅笔、橡皮、黑色0.5针管笔或秀丽笔。

## 第一节　婴幼儿期儿童人体着装线描图的表现技法

### 一、婴幼儿期儿童人体着装的表现要点（图9-1）

（1）婴幼儿服装所用材料通常都是亲肤性好
的全棉织物，因此厚度不宜加得太多。

（2）婴幼儿的服装多为H型和A型，着装后服
装的空间感较强。

（3）要注意表现出着装中服装与身体直接的
虚实关系。

（4）婴幼儿的动态较为多样，因此要注意衣
纹的位置。

（5）婴幼儿服装的面料手感柔软，注意服装
的线条要画得流畅、自然。

图9-1

115

## 二、婴幼儿期儿童人体着装线描图的表现实例

婴幼儿期儿童人体着装线描图的表现实例如图9-2~图9-14所示。

图9-2

图9-3

图9-4

图9-5

图9-6

图9-7

图9-9

图9-8

图9-10

图9-11

图9-12

图9-13

图9-14

# 第二节　童年期儿童人体着装线描图的表现技法

## 一、童年期儿童人体着装的表现要点（图9-15）

（1）童年期儿童的服装材料较为丰富，在绘画服装时要考虑所用材料的厚度。

（2）童年期男童的服装廓型仍然多为H型，女童的服装廓型多为H型和A型，着装后要注意服装上下、内外层次的空间感。

（3）要注意表现出着装中服装与身体之间的虚实关系。

（4）童年期儿童活泼、好动，因此要注意不同动态的衣纹变化。

（5）童年期儿童的服装材料薄厚不一，因此服装的线条表现要注意结合材料的特性。

图9-15

119

## 二、童年期儿童人体着装线描图的表现实例

童年期儿童人体着装线描图的表现实例如图9-16~图9-26所示。

图9-16

图9-17

图9-18

图9-19

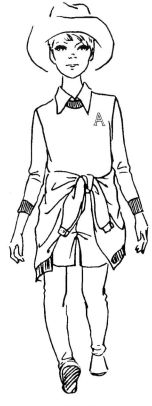

图9-20

图9-21

图9-22

第九章　儿童人体着装线描图的表现技法

**121**

图9-23

图9-24

图9-25

图9-26

### 三、童年期儿童人体着装系列线描图的表现实例

童年期儿童人体着装系列线描图的表现实例如图9-27、图9-28所示。

图9-27

图9-28

# 第三节 青少年期儿童人体着装线描图的表现技法

## 一、青少年期儿童人体着装的表现要点（图9-29）

（1）青少年期儿童服装所用材料较为丰富，因此要根据所用的材料加服装厚度。

（2）青少年期男孩的服装廓型仍然多为H型，女孩的服装廓型有H型、A型，也可略收腰身，绘制时要注意服装的层次。

（3）要注意表现出着装中服装与人体的虚实关系。

（4）青少年思维已趋于成熟，动态及款式不能过于可爱。

（5）青少年服装的衣纹要概括，轮廓线要画得流畅、自然、简洁。

图9-29

## 二、青少年期儿童人体着装线描图的表现实例

青少年期儿童人体着装线描图的表现实例如图9-30~图9-37所示。

图9-30                                    图9-31

图9-33

图9-32

图9-34

图9-35

图9-36

图9-37

# 第四部分　彩色服装效果图的表现技法

## 第十章　彩色铅笔着色的表现技法

**课题名称：**彩色铅笔着色的表现技法

**课题内容：**彩色铅笔的性能及着色步骤表现实例

**课题时间：**10课时

**训练目的：**让学生掌握彩色服装效果图中彩色铅笔的明暗法表现技巧

**教学方式：**教师利用图例讲解服装人体模特及服装、服饰品的明暗效果关系，并给学生做示范。

**教学要求：**1. 让学生懂得彩色效果图中彩色铅笔的素描表现与传统素描的异同。

2. 让学生掌握彩色铅笔明暗对比的虚实关系。

**课程工具：**4开素描纸或水彩纸、自动铅笔、2B橡皮、黑色0.5针管笔或秀丽笔、48色辉柏嘉水溶性彩色铅笔。

## 第一节　彩色铅笔的性能及着色步骤

### 一、彩色铅笔的性能

在绘制彩色服装效果图时，彩色铅笔是我们经常用到的一种上色工具（图10-1）。其所具有的优点是使用方便且容易掌握、便于修改；不足之处是色彩的丰富性欠佳，不便于调配色彩，如图10-2~图10-4所示。

图10-1　　　　　　　　　　　　　　图10-2

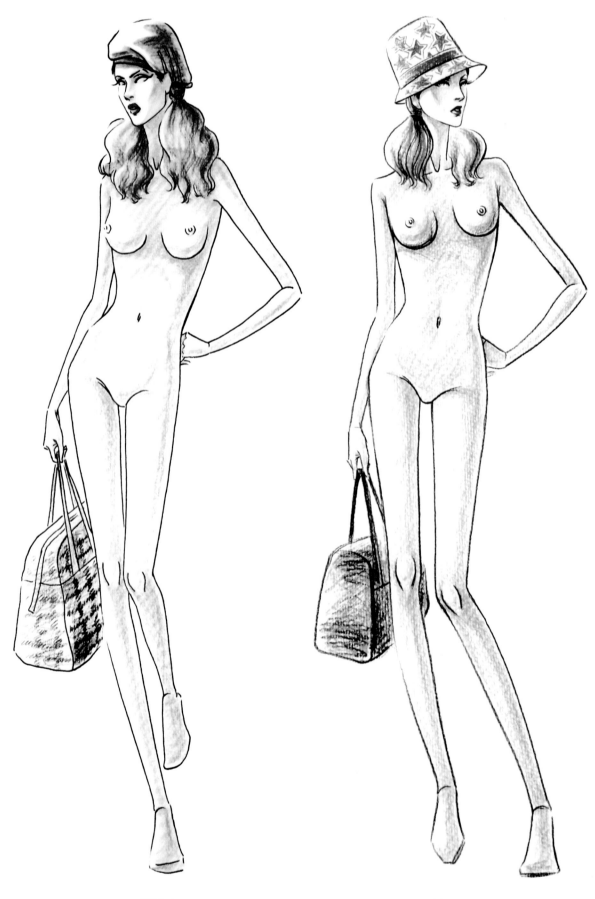

图10-3                                    图10-4

## 二、彩色铅笔的表现技法

在用彩色铅笔绘制服装效果图时，通常采用的方法是用明暗法表现，即借助明暗素描的手法来表现模特和服装的效果。但跟传统的美术素描还有所不同，因为服装效果图是在考虑工作效率的基础上来表现服装在穿着后的一种大致效果，比基础素描绘画更概括、简练。人体着装彩色效果中彩色铅笔的具体绘画步骤如下：

（1）画出人体着装线描稿，如图10-5所示。

（2）选择接近皮肤颜色和头发颜色的彩色铅笔用明暗素描的表现手法分别画出肤色和头发的颜色，如图10-6所示。

（3）选出服装及配饰的彩色铅笔同样采用明暗素描的表现手法分别画出服装和配饰的色彩，如图10-7所示。

（4）接下来刻画五官，如图10-8所示。

（5）最后画出服装上的图案，并调整画面的整体效果，如图10-9所示。

图10-5

图10-6

注意：
上肤色的笔触要细腻，画出明暗的层次变化；头发的色彩要表现出头发的蓬松感；配饰不是我们所要表现的重点，用概括的方法上色即可。

图10-7

图10-8

图10-9

# 第二节　彩色铅笔着色的表现实例

## 一、春夏季女装彩色铅笔着色的表现实例

　　春夏季女装彩色铅笔着色的表现实例如图10-10~图10-16所示。

图10-10

图10-11　　　　　　　　　　　　　　图10-12

图10-13　　　　　　　　　　　　　　　　　　　　　图10-14

图10-15                                    图10-16

## 二、秋冬季女装彩色铅笔着色的表现实例

秋冬季女装彩色铅笔着色的表现实例如图10–17~图10–20所示。

图10–17

图10-18

图10-19

图10-20

# 第十一章　水粉着色的表现技法

课题名称：水粉着色的表现技法

课题内容：水粉的性能表现技法及表现实例。

课题时间：11课时

训练目的：让学生掌握彩色服装效果图中水粉的明暗法表现技法

教学方式：教师利用图例讲解服装用人体模特及服装、服饰品的明暗效果关系，并给学生做示范。

教学要求：1.让学生懂得彩色效果图中水粉的素描表现。

2.让学生掌握水粉明暗对比的虚实关系。

课程工具：4开水粉纸或水彩纸、2B黑色铅笔、2B橡皮、黑色0.5针管笔或小楷秀丽笔、水粉颜料、调色盒、2号和4号狼毫或羊毛水粉笔。

# 第一节　水粉的性能及表现技法

## 一、水粉的性能

在绘制彩色服装效果图时，水粉是经常使用到的着色工具之一（图11-1）。其所具有的优点是色彩变化丰富多彩，可以调配出所要的色彩，画面效果可以刻画得很细致；不足之处是工具需要得多，并且水分的多少以及纸面的干湿难以把握，笔触也难以控制，不过在掌握好彩色铅笔的画法后就会相对容易一些。

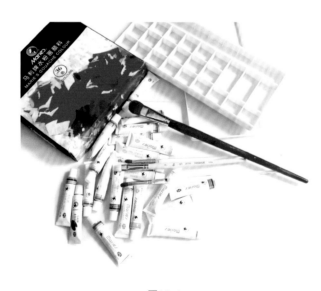

图11-1

## 二、水粉的表现技法

水粉的上色分为薄画法和厚画法，表现效果分为明暗法和平涂法，不过在实际绘制效果图时，从效率和直观感觉来讲，采用薄画法和明暗表现的效果更为实用。用水粉着色的具体绘画步骤如下：

（1）用大红+土黄+白调出人的肤色，然后用明暗法涂出线描图中所露出的皮肤部分的暗部，调色时颜色不要太干，一定要多加水，如图11-2所示。

（2）调出头发的颜色，涂出其暗部，涂头发的笔触要简练概括，不要画太多，如图11-3所示。

图11-2                  图11-3

（3）以相同的方法调出服装的颜色，涂出服装大体的明暗关系（注意衣纹和投影要加深）。

（4）用简练概括的笔触涂出饰品的暗部，要多留点白，如图11-4所示。

（5）待画面干后，分别用深一点的肤色、头发色、服装色、服饰品色加出各自的深色部分，如明暗交界线、投影、衣纹。

（6）待干后调整画面整体效果，使明暗自然，色彩协调，重点突出，达到理想效果，如图11-5所示。

图11-4                                          图11-5

# 第二节 实用型着装图水粉着色的表现实例

## 一、单独式女装水粉着色的表现实例

1.春夏季女装水粉着色的表现实例
（图11-6~图11-10）

图11-6

图11-7

图11-8

图11-9

图11-10

第十一章 水粉着色的表现技法

## 2. 秋冬季女装水粉着色的表现实例（图11-11~图11-14）

图11-11                                        图11-12

图11-13　　　　　　　　　　　　　　　图11-14

3. 礼服类女装水粉着色的表现实例（图11-15~图11-19）

图11-15

图11-16                                    图11-17

**149**

图11-18

图11-19

## 二、单独式男装水粉着色的表现实例

单独式男装水粉着色的表现实例如图11-20所示。

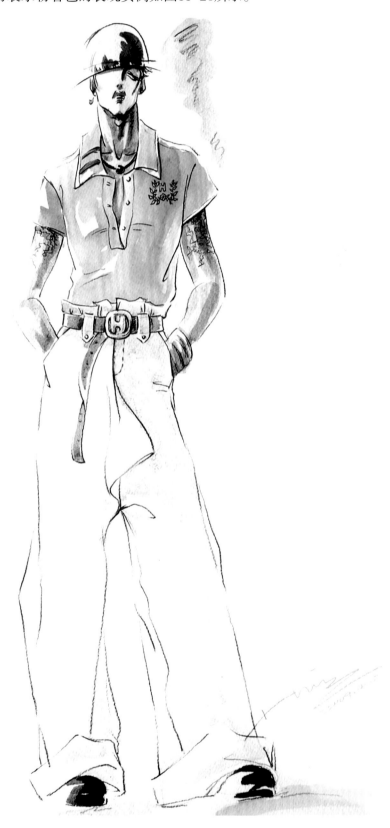

图11-20

## 三、组合式效果图水粉着色的表现实例

1. 组合式女装水粉着色的表现实例（图11-21~图11-23）

图11-21

第十一章 水粉着色的表现技法

图11-22

图11-23

2.组合式男女装水粉着色的表现实例（图11-24、图11-25）

图11-24

图11-25

# 第三节　欣赏型着装图水粉着色的表现实例

欣赏型着装图水粉着色的表现实例如图11-26～图11-28所示。

图11-26

图11-27

图11-28

# 第十二章　马克笔着色的表现技法

课题名称：马克笔着色的表现技法
课题内容：马克笔的性能、表现技法及表现实例
课题时间：11课时
训练目的：让学生掌握彩色服装效果图中马克笔的明暗法表现技法
教学方式：教师利用图例讲解服装用人体模特及服装、服饰品的明暗效果关系，
　　　　　并给学生做示范。
教学要求：1.让学生懂得彩色效果图中马克笔的表现与马克笔表现的异同。
　　　　　2.让学生掌握马克笔明暗对比的虚实关系。
课程工具：4开水粉纸或水彩纸、自动铅笔、2B橡皮、黑色0.5针管笔或秀丽笔、48
　　　　　色马克笔。

## 第一节　马克笔的性能及女装着色的表现技法

### 一、马克笔的性能

在绘制彩色服装效果图时，还有一种常用的工具就是马克笔（图12-1）。其所具有的优点是简便、快捷，色彩具有透明感，不足之处是色彩的选择有限、笔触难以把握、绘画成本高。

马克笔的上色方法分为平涂法和明暗法，平涂法较为简单，只要在高光处稍加以留白即可；明暗表现法效果则更佳，如图12-2、图12-3所示。

**161**

图12-1　　　　　　　　　　　　　图12-2　　　　　　　　　　　　　图12-3

## 二、马克笔的表现技法

彩色效果图中马克笔的绘画步骤实例一：

（1）画出人体着装线描图，如图12-4所示。

（2）找出肤色画出人体的暗部，如图12-5所示。

（3）接着分别画出头发、嘴唇、服装、手镯、鞋子部分的暗部，如图12-6所示。

（4）再分别加出头发、服装、手镯、鞋子最深的部分，如图12-7所示。

（5）调整画面整体效果，如图12-8所示。

图12-4

图12-5

图12-7

图12-6

图12-8

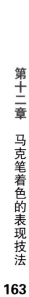

第十二章 马克笔着色的表现技法

彩色效果图中马克笔的绘画步骤实例二：

（1）画出人体着装线描图，如图12-9所示。

（2）找出肤色画出人体的暗部，如图12-10所示。

（3）接着分别画出头发和服装的基本色，如图12-11所示。

（4）再分别画出配饰部分的基本色，如图12-12所示。

（5）然后加出肤色、头发、服装及配饰的最深色，如图12-13所示。

（6）最后画出服装上的图案并调整画面整体效果，如图12-14所示。

图12-9          图12-10

图12-11                    图12-12

图12-13

图12-14

## 三、马克笔着色的表现实例

### （一）单独式着装马克笔着色的表现实例

1. 春夏季女装马克笔着色的表现实例（图12-15~图12-20）

图12-15                       图12-16

图12-17

图12-18

图12-19

图12-20

2. 秋冬季女装马克笔着色的表现实例（图12-21~图12-27）

图12-21

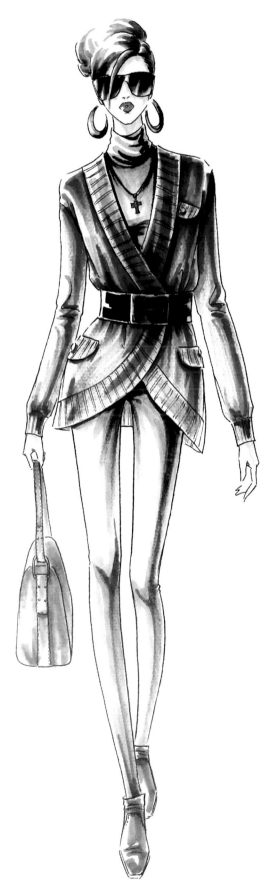

图12-22

图12-23

图12-24

图12-25

图12-26 图12-27

**173**

（二）组合式女装马克笔着色的表现实例

组合式女装马克笔着色的表现实例如图12-28～图12-32所示。

图12-28

图12-29

图12-30

图12-31

图12-32

# 第二节  马克笔男装着色的表现技法

马克笔男装着色绘画步骤的表现实例：
（1）画出人体着装线描图，如图12-33所示。
（2）画肤色、头发的颜色，如图12-34所示。
（3）再分别画出服装的基本色，如图12-35所示。
（4）接着分别加出配饰部分的基本色，如图12-36所示。
（5）最后加出服装和配饰的最深色并调整画面整体效果，如图12-37所示。

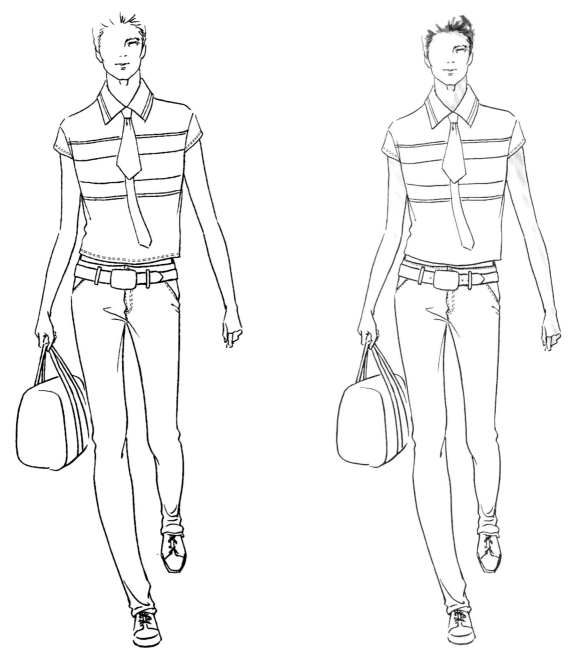

图12-33                               图12-34

图12-35

图12-36

图12-37

# 第三节　马克笔童装着色的表现技法

　　用马克笔给童装着色的方法跟给女装和男装的着色方法相同，只是在童装中的配色通常纯度较高，对比较为强烈，以表现儿童稚气、活泼的特点。

　　马克笔童装着色的表现实例如图12-38～图12-48所示。

图12-38

图12-39

图12-40

图12-41

图12-42

图12-43

图12-44

图12-46

图12-45

图12-47

图12-48

# 第四节　欣赏型着装图马克笔着色的表现实例

欣赏型着装图马克笔着色表现实例，如图12-49～图12-59所示。

图12-49

图12-50

图12–51

图12-52

**189**

图12-54

图12-55

图12-56

图12-57

图12-58

图12-59

# 第十三章　电脑服装效果图的表现技法

课题名称：电脑服装效果图的表现技法

课题内容：电脑服装效果图的特点、表现技法及表现实例

课题时间：10课时

训练目的：让学生掌握彩色服装效果图中电脑上色效果

教学方式：教师利用图例讲解服装用人体模特及服装、服饰品的明暗效果关系，并给学生做示范。

教学要求：1.让学生懂得彩色效果图中电脑的上色与传统工具上色的异同。

2.让学生熟练掌握电脑上色、渲染所用的工具。

3.让学生掌握电脑上色效果处理的虚实关系。

课程工具：电脑、PHOTOSHOP CS4软件。

## 第一节　电脑着色的特点及表现技法

### 一、电脑绘制效果图的特点

随着服装产业的现代化发展，在绘制彩色服装效果图时，除了传统手绘，也可以用电脑等比较先进的工具，其特点是使用方便、画面干净、上色快捷、易于调色、便于修改和储存。

### 二、电脑效果图上色的表现方法

在实际使用电脑绘制效果图时，每个人操作的方法和步骤各不相同，其中比较简单的方法就是先把线描图做成封闭区域，然后用填充工具分别给皮肤、头发、服装、配饰等填出基本色，再用加深和减淡工具做出明暗处理，也可以用毛笔工具着色。电脑着色可以较好地表现出材料的质感、纹理、图案等，给人颇为逼真的感觉，如图13-1所示。

图13-1

## 第二节　电脑服装效果图的表现实例

电脑服装效果图的表现实例，如图13-2～图13-11所示。

图13-2

图13-3

图13-4

图13-5

图13-6

图13-7

图13-8

图13-9

图13–10　　　　　　　　　　　　　　　　　　图13–11

# 第五部分　服装款式图和服装饰品的表现技法

## 第十四章　服装款式图和服饰品的表现技法

**课题名称：** 服装款式图和服饰品的表现技法
**课题内容：** 服装人台以及T恤类、马甲类、衬衫类、外套类、裙子类、裤子款式图
　　　　　　和鞋、包的表现技法及表现实例。
**课题时间：** 6课时
**训练目的：** 让学生掌握不同服装款式的表现
**教学方式：** 教师讲解服装人台与服装款式图的关系，并给学生示范外套类、裙子
　　　　　　类、裤子类款式图的表现。
**教学要求：** 1. 让学生懂得服装人台比例与服装用人体比例的异同。
　　　　　　2. 让学生掌握不同服装款式图的表现规律。
　　　　　　3. 让学生掌握服饰品中鞋子、包的画法。
**课程工具：** A4复印纸、2B黑色铅笔、2B橡皮、黑色0.5针管笔或电脑。

## 第一节　服装款式图的绘制要求及表现实例

### 一、绘制服装款式图的要求

在服装的开发过程中，款式图是设计师设计构思的具体表现，是制板、样衣、修板、生产的依据，因此在绘制款式图之前，必须了解、掌握人体躯干部分的比例和结构（图14-1），绘制的款式图必须规范、细致、精确，即要做到以下几点：

（1）要准确描绘出服装的大致廓型特征及比例，如H型、A型、X型、O型、T型等字母型，锥型、柱型等几何型或物象型的特征及长宽比例。

（2）要调整好服装的整体与局部的比例以及局部与局部的比例，如领子在整个服装中所占的大小比例及领子与口袋等其他零部件的比例。

（3）注意服装的细节表现要具体、翔实，如服装的结构线、装饰物、工艺特征、装饰线、图案等。

（4）注意线条要干净利索、肯定有力，不能有杂乱线，否则会让人费解。

另外，款式图有的以线描的形式表现，有的以着色的形式表现，有的以静态式表现，有的以动态式表现。

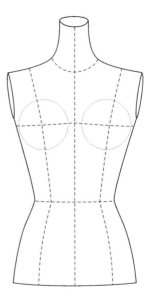

图14-1

注意：
　　如想要尽快掌握好款式图的绘制，除了要多练习外还要在平时多留意观察服装的廓型、工艺、结构、装饰图案、材料、色彩等，便于加深对服装的深入了解。

## 二、各类服装款式图的表现实例

### （一）T恤类款式图的画法

#### 1. T恤款式图的绘画步骤（图14-2）

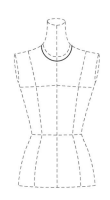

(1)先画出T恤的领口
（注意前领口比较低）

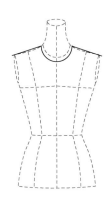

(2)然后画出T恤的肩线
（注意肩线的倾斜度）

(3)再画出T恤的袖窿线
（注意肩线的弯度）

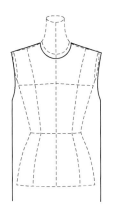

(4)再画出T恤的侧缝
（两侧的侧缝线可以呈H型也可呈A型或V型）

(5)再画出T恤的下摆
（底边线的位置决定衣长）

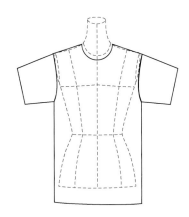

(6)再画出T恤的袖子
（注意袖子左右对称）

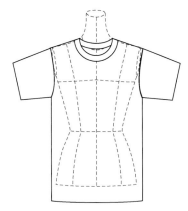

(7)再画出T恤的前领口和
后领口罗纹的宽度
（注意后领口比较高）

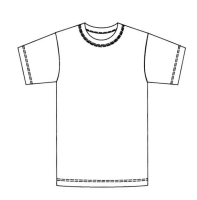

(8)再画出T恤的明线
（注意明线迹要平行）

(9)再画出T恤其他细节
（如图案、口袋、商标等）

图14-2

## 2. T恤类款式图的表现实例（图14-3～图14-7）

图14-3

图14-4

图14-5

图14-6

（正视图）

（背视图）

图14-7

## （二）马甲类款式图的表现实例

马甲类款式图的表现实例如图14-8~图14-10所示。

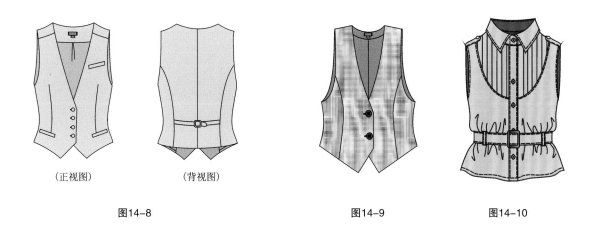

（正视图）　　　　　（背视图）

图14-8　　　　　　　　　　　　　图14-9　　　　图14-10

## （三）衬衫类款式图的表现实例

衬衫类款式图的表现实例如图14-11、图14-12所示。

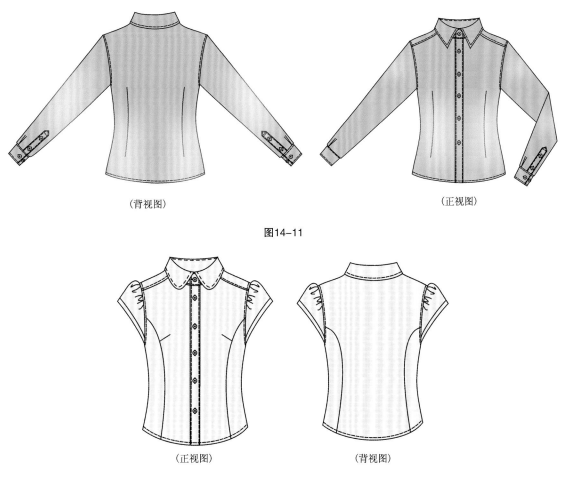

（背视图）　　　　　　　　　　　　（正视图）

图14-11

（正视图）　　　　　（背视图）

图14-12

（四）外套类款式图的表现实例

1. 西装类款式图的表现实例（图14-13~图14-19）

（正视图）　　　　　　　（背视图）

图14-13

（正视图）　　　　　　　（背视图）

图14-14

（正视图）　　　　　　　（背视图）

图14-15

（正视图）

（背视图）

图14-16

（正视图）

（背视图）

图14-17

图14-18

图14-19

## 2. 夹克类款式图的表现实例（图14-20~图14-30）

（正视图）　　　　　　　　　　　　（背视图）

图14-20

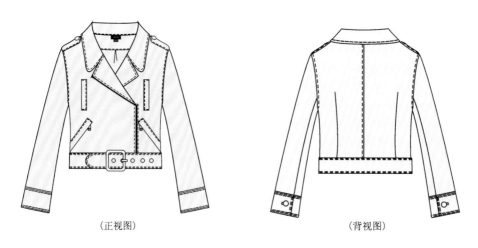

（正视图）　　　　　　　　　　　　（背视图）

图14-21

（正视图）　　　　　　　　　　　　（背视图）

图14-22

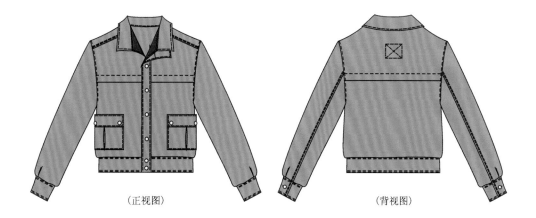

（正视图） （背视图）

图14-23

（正视图） （背视图）

图14-24

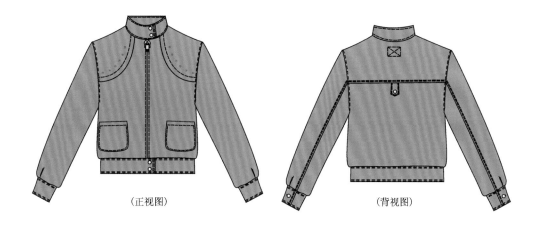

（正视图） （背视图）

图14-25

（正视图）　　　　　　　　　（背视图）

图14-26

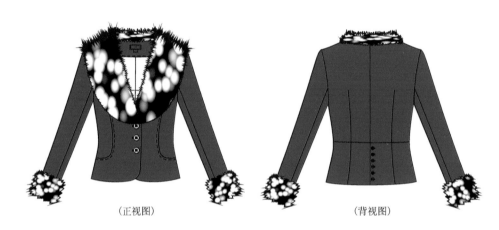

（正视图）　　　　　　　　　（背视图）

图14-27

（正视图）　　　　　　　　　（背视图）

图14-28

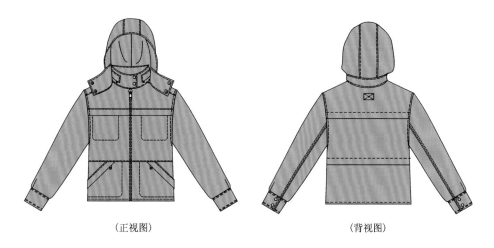

（正视图）　　　　　　　　（背视图）

图14-29

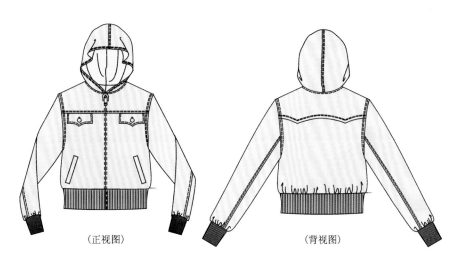

（正视图）　　　　　　　　（背视图）

图14-30

## （五）羽绒服类款式图的表现实例

羽绒服类款式图的表现实例如图14-31所示。

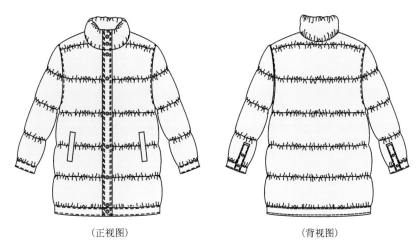

（正视图）　　　　　　　　（背视图）

图14-31

（六）针织服装类款式图的表现实例

针织服装类款式图的表现实例如图14-32~图14-38所示。

（正视图）　　　　　　　　（背视图）

图14-32

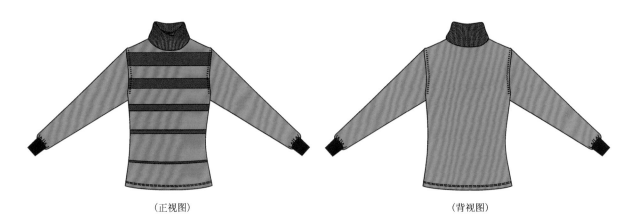

（正视图）　　　　　　　　（背视图）

图14-33

（正视图）　　　　　　　　（背视图）

图14-34

（正视图）

（背视图）

图14-35

图14-36

图14-37

图14-38

## （七）裙子类款式图的画法

## 1. 裙子基本款的绘画步骤（图14-39）

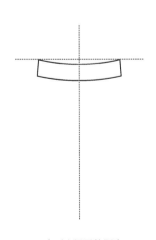

(1) 先画出裙子的腰头
（注意前腰头比较弯）

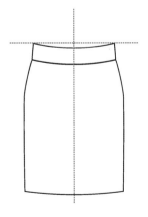

(2) 再画出裙子的侧缝和
下摆(注意左右弧度对称)

(3) 接着画出裙子的省线
和后腰头及拉链

图14-39

## 2. 裙子类款式图的表现实例（图14-40~图14-46）

（正视图）　　　　　（背视图）

图14-40

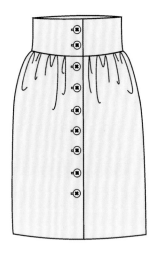

图14-42

图14-43

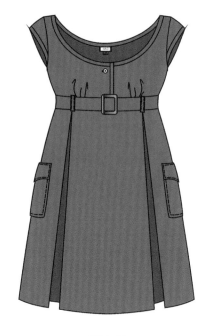

图14-41

图14-44

图14-45

图14-46

## （八）裤子类款式图的表现实例

裤子类款式图的表现实例如图14-47~图14-57所示。

（正视图）　　　　　　（背视图）

图14-47

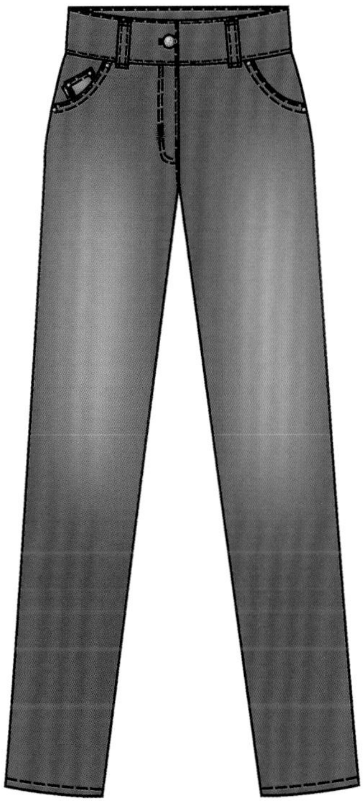

图14-48

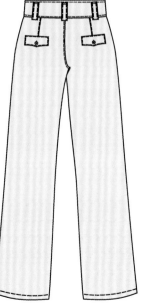

（正视图）　　　　　　（背视图）

图14-49

图14-50

图14-51

（正视图）　　　　　　　（背视图）

图14-52

图14-53

图14-54

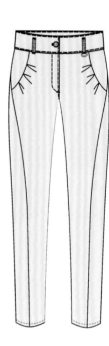

图14-55

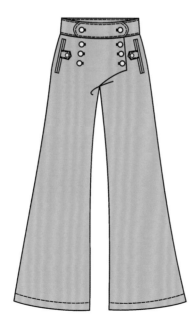

图14-56

图14-57

# 第二节　服饰品的表现技法

## 一、包类款式图的画法

在绘制的服装饰品中最为常见的就是包，包类的款式较为丰富，我们在平时要多留意各类型包的款式特征，以便于在绘制服装效果图时有多种款式方便搭配，如图14-58所示。

图14-58

## 二、鞋类款式图的画法

在画服装效果图时，都有绘制与服装相搭配的鞋子，因此不同类型的鞋子也是我们所要掌握的重点，如图14-59、图14-60所示。

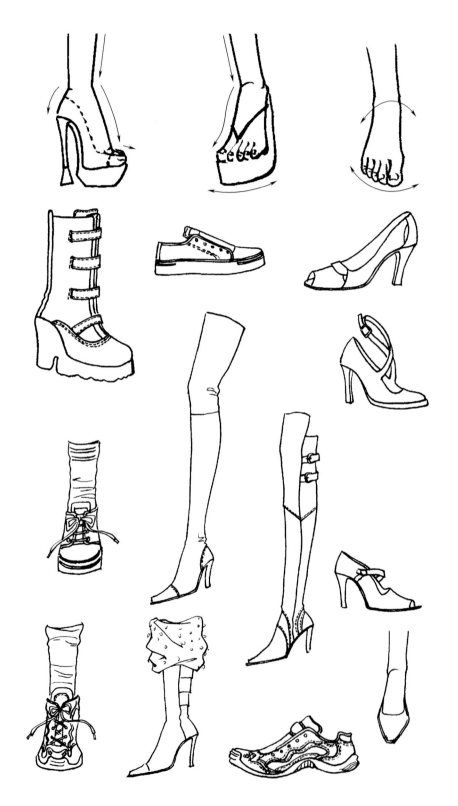

图14-59

图14-60

# 附录 时装插图实例欣赏

时装插图多种多样，表现内容、表现手法、表现工具等不尽相同，其创作目的有作为一种艺术性作品，也有用作实用性的广告宣传。两者的共同之处在于表现人物的内在精神状态或人物在所处环境中表现出来的生活状态，因此人物的造型各异，画面所表现重点都不拘一格，如有头部、半身、全身等。不过绘制时装插图不仅需要深厚、扎实的美术功底，还需要有较高的概括能力和艺术审美能力，所以难度较大。时装插图实例欣赏如附图1～附图11所示。

附图1

附图2

附图3

附图4

附图5

附图6

附图7

附图8

附图9

附录　时装插图实例欣赏

附图11